鞍山市生态城市建设的思路与对策研究

朱晓林　周晓平　张学友　著

HEUP 哈爾濱工程大學出版社

内容简介

生态文明是继续原始文明、农业文明、工业文明之后的一种新的人类文明形态，生态文明建设是党和政府的重大使命。党的十八大将生态文明建设作为生产方式和生活方式根本性变革的战略任务融入到中国特色社会主义事业的总体布局，为鞍山市加快生态文明建设提供了重大机遇。

本书从传统城市困境与建设生态城市的必然性、生态城市基础理论、鞍山市概况和生态建设现状、鞍山市生态城市建设能力的评价和分析、鞍山市生态城市建设的目标和对策、鞍山市生态城市建设的保障措施等角度出发，详细阐述了鞍山市生态城市建设的相关内容，为鞍山市实现经济与社会、人与自然的协调、均衡发展，提供了研究依据。本书对致力于鞍山城市建设的相关行业和人士，具有较强的借鉴意义和参考价值。

图书在版编目(CIP)数据

鞍山市生态城市建设的思路与对策研究/朱晓林，周晓平，张学友著. —哈尔滨：哈尔滨工程大学出版社，2015. 10
ISBN 978 - 7 - 5661 - 1155 - 5

Ⅰ. ①鞍… Ⅱ. ①朱… ②周… ③张… Ⅲ. ①生态城市 - 城市建设 - 研究 - 鞍山市 Ⅳ. ①X321. 231. 3

中国版本图书馆 CIP 数据核字(2015)第 255729 号

选题策划 卢尚坤 龚 晨
责任编辑 张忠远 李 翔
封面设计 恒润设计

出版发行 哈尔滨工程大学出版社
社　　址 哈尔滨市南岗区东大直街 124 号
邮政编码 150001
发行电话 0451 - 82519328
传　　真 0451 - 82519699
经　　销 新华书店
印　　刷 黑龙江省地质测绘印制中心印刷厂
开　　本 787mm × 960mm 1/16
印　　张 11
字　　数 210 千字
版　　次 2015 年 10 月第 1 版
印　　次 2015 年 10 月第 1 次印刷
定　　价 35. 00 元
http://www. hrbeupress. com
E-mail:heupress@ hrbeu. edu. cn

序　　言

创建全国文明城市，建设美丽鞍山，生态文明建设是关键。怎样把鞍山这样一个钢铁城市、重污染城市建设成为一个环境友好型生态城市，实现从“重污染”到“青山绿水”的印象跨越，是摆在钢城人面前的一个重要课题，具有重大的理论意义和现实意义。

生态文明是继原始文明、农业文明、工业文明之后的一种新的人类文明形态，是人类社会文明的高级形态。三百年的工业文明使征服自然的文化达到极致，一系列全球性的生态危机说明地球需要开创一个新的文明形态来延续人类的生存，这就是生态文明。如果说农业文明是“黄色文明”，工业文明是“黑色文明”，那生态文明就是“绿色文明”。生态文明不是单纯的节能减排、保护环境的问题，而是要融入经济建设、政治建设、文化建设、社会建设各个方面和全过程，既包括尊重自然、与自然同存共荣的价值观，也包括在这种价值观指导下形成的生产方式和生活方式、经济基础和上层建筑。党的十八大报告正是在深刻反思传统工业文明发展模式的不足，认真总结落实科学发展、转变经济发展方式的实践经验，充分吸纳中华传统文化智慧的基础上，从文明进步的新高度认识和解决资源环境等问题，从经济、政治、文化、社会、科技等领域全方位审视和应对人类社会发展面临的资源、环境方面的严峻挑战，对如何建设生态文明作出了一系列部署，并明确了具体的路径。

生态文明建设是党和政府的重大使命。改革开放以来，中国经济快速发展，却也产生了资源紧张、环境恶化等一系列问题。面对资源约束趋紧、环境污染严重、生态系统退化的严峻形势，党的十五大报告明确提出了实施可持续发展战略的要求；十六大报告提出了走新型工业化发展道路，发展低碳经济、循环经济，建立资源节约型、环境友好型社会，建设生态文明等新的发展理念和战略举措；十七大报告进一步明确提出了建设生态文明的新要求，并列入了2020年全面建设小康社会的重要目标之一。党的十八大从人类发展的连续性出发，尊重并维护后代人所拥有的与当代人相同的生存权和发展权，用永恒发展的观点观察和分析中国所处的发展阶段，要求尊重自然发展和社会发展的客观规律，秉持尊重自然、顺应自然、保护自然的生态文明理念，把生态文明建设放在突出地位，融入经济建设、政治建设、文化建设、社会建设各方面和全过程，努力建设美丽中国，实现中华民族永续发展。党的十八大报告中明确指出："我们一定要更加自觉地珍爱自然，更加积极地保护生态，努力走向社会主义生态文明新时代""给自然留下更多修复空间，给农业留下更多良田，给子孙后代留下天蓝、地绿、水净的美好家园"，充分体现了我们党对待自然和生态的基本态度，为实现人与自然和谐、均衡发展指明了路径。

2013 年，鞍山市政府工作报告中明确指出："以城市环境保护工程为重点，加快提升生态文明水平。要把生态文明建设放在更加突出的位置，以实施青山、碧水、蓝天、净土四项生态环境工程为重点，努力建设美丽鞍山。"可见，鞍山市政府已经把生态文明的建设作为重点工作，目的就是建设资源节约型、环境友好型社会，实现速度和结构质量相统一、经济发展与人口资源环境相协调，使人民在良好生态环境中生产生活，实现鞍山市经济社会永续发展。把生态文明建设纳入鞍山市总体发展的战略布局中，清晰地表明了鞍山市政府从全局和战略的高度解决鞍山市可持续发展问题、生态与环境问题的决心和信念。

生态文明建设是鞍山市创建文明城市的重要内容。首先，生态文明建设是文明城市创建的重要评价指标。在全国文明城市测评指标中，可持续发展的生态环境指标是七大重要评价指标之一。只有把生态建设搞好，人与自然、人与社会才能和谐相处、共同发展，才能最终落实"五个鞍山"建设的根本任务。鞍山市要把发展经济，建设生态城市作为工作的重中之重。全力推动生态文明建设，不但实现自身的可持续发展，更要引领和带动周边地区生态文明的建设。其次，生态文明建设有利于进一步理清鞍山市的发展思路，构建鞍山市生态经济与社会发展的总体战略，为打造文明鞍山奠定基础。生态文明建设可以把生态经济、生态产业、生态文化与城市发展支撑体系建设结合起来以提高全市的联动效应。生态文明建设有利于培育鞍山市新的经济增长点，加快生态经济的发展。生态文明建设涉及农业、工业和旅游及服务业等诸多领域，按照生态经济模式，对市域产业结构进行调整，就能打破常规，实现产业和资源的重组，就能尽快跳出传统的资源导向型发展模式，加快培养和形成新型的鞍山产业群，最大限度地挖掘潜力，把资源优势、环境优势真正转化为经济优势，扩大产业运动空间，增强自我发展能力和可持续发展能力。

再次，生态文明建设是解决鞍山市发展难题的需要，为文明鞍山的构建营造和谐环境。城市作为区域经济活动的中心，同时也是各种矛盾的焦点。城市的发展往往引发人口拥挤、住房紧张、交通阻塞、环境污染、生态破坏等一系列问题，这些问题都是城市经济发展与城市生态环境之间矛盾的反映，建立一个人与自然关系协调、和谐的生态城市，可以有效地解决这些矛盾。最后，生态文明建设是提高鞍山市人民生活质量的需要。随着生活水平的不断提高，城市居民对生活的追求开始从数量型转为质量型、从物质型转为精神型、从户内型转为户外型，生态休闲正逐渐成为市民的生活需求。

党的十八大将生态文明建设作为生产方式和生活方式根本性变革的战略任务融入到中国特色社会主义事业总体布局，为鞍山市加快生态文明建设提供了重大机遇。鞍山市建设生态文明的总体趋势是将鞍山市建设成为低碳生态型城市。建设低碳生态城市已经成为当前城市发展的理想模式和主流方向。1971 年，联合国教科文组织在“人与生物圈”(Man And Biosphere，MAB)计划中首次提出了“生态城市”的概念，揭开了生态城市建设的序幕，国外一些城市纷纷探索生态城市建设的模式，取得了重大成果。近几年来，我国先后颁布了《全国生态环境建设规划》《全国生态环境保护纲要》《生态县、生态市、生态省建设指标》等一系列重要文件，国内一些发达城市纷纷制定生态城市发展规划，生态城市的建设走上快速发展之路。推进生态文明建设，努力为鞍山人民创造一个优美、舒适、健康、方便的生活环境、工作环境和创业环境，是深入贯彻科学发展观，全面落实党的十八大精神的必然要求，是提高鞍山在多区域合作中的地位和作用，把鞍山建设成为区域性国际城市，在全省率先实现全面建设小康社会目标的必然要求，是进一步提升鞍山发展环境，促进经济社会又好又快发展的必然要求，是鞍山城市建设和发展的必经之路。

目前，鞍山的生态文明建设已取得很大成绩，但仍然存在众多问题。从城市生活环境来看，目前主要存在以下问题：一是环境空气质量亟待持续改善；二是地表功能水体尚未达标；三是环保基础设施建设仍显薄弱——城区污水管网覆盖率偏低，雨污分流不彻底，生活垃圾无害化处理能力不足，无害垃圾处理厂超负荷运行，城区人均绿地面积偏低，城市热岛效应突出；四是新生环境污染问题日益凸显，废旧家用电器、废电子产品、工业污泥等污染问题日益突出。从生态环境保护方面看，存在若干需要加以干预和解决的问题，主要包括：森林覆盖率低，水土保持能力差；自然保护区覆盖率低，自然保护区建设尚未进入实质性建设阶段；农村环境保护监管体系不健全，农村生活垃圾、乡镇生活污水、畜禽养殖污染治理设施建设滞后；乡镇企业生产工艺相对落后，部分企业没有污染治理设施；农作物秸秆综合利用率和农业污染防治水平较低等问题。由此可见，鞍山市建设生态城市任重道远。

进行生态文明城市建设的研究是建设生态文明的具体实践，是落实党的十八大精神的具体要求，对推动落实科学发展观、正确处理好经济发展与资源节约、环境保护的关系，努力建设山清水秀、环境优美、生态安全、人与自然和谐相处的新型城市，具有重要理论意义和现实意义。可以相信，在未来发展道路上，通过发展绿色经济、循环经济、生态经济、低碳经济，鞍山市一定能够实现经济与社会、人与自然的协调、均衡、可持续发展，实现生产发展、生活富裕、生态良好的文明发展目标，美丽鞍山必将成为现实。

朱晓林

2015 年 6 月 10 日

目　录

第一章　传统城市困境与生态城市建设的必然性

人类文明发展进程中，城市化、城镇化成为当前对生态环境、人居环境影响最大的活动。在经历了三百年的高速工业文明发展阶段后，全球面临着气候变化和资源环境的巨大压力，严重威胁着人类的生存和发展。目前全球超过50%的人口居住在城市。中国在改革开放以来尤其是进入21世纪之后，呈现出快速城市化发展势头，中国的城镇化率2012年已经达到52.57%，2030年城镇化水平预计达到60%～70%，城市人口将超过10亿人。[①] 与此同时，外延增长式的城市发展模式已难以适应新形势下的发展需求，城市发展模式面临着转型的抉择。城市化发展改变了人类生产方式和生活方式，加速了文明进程，同时也带来了生存困境。

党的十八大将生态文明建设作为生产方式和生活方式根本性变革的战略任务，论述了生态文明建设的重大成就、重要地位、重要目标，而且全面深刻地论述了生态文明建设的各方面内容，融入到中国特色社会主义事业总体布局，做出了“大力推进生态文明建设”的战略决策，完整描绘了今后相当长的一个时期我国生态文明建设的宏伟蓝图。关于未来生态文明建设的宏伟目标，十八大报告强调“努力建设美丽中国，实现中华民族永续发展”，这些都为生态城市建设提供了重大机遇。

第一节　当前生态环境问题分析

一、全球生态环境问题

生态环境问题或是生态危机、环境危机、环境问题，一般是指人类赖以生存和发展的自然环境或生态系统的结构和功能由于不合理的人为开发利用而引起的生态环境退化和生态系统的严重失衡过程[②]。环境问题根据其形成的原因可以分为两类：一类被称为原生环境问题，指由自然力所引起的环境问题，如火山爆发、地

---

① 王效科．城市生态系统：演变、服务与评价——“城市生态系统研究”专题序言［J］．生态学报，2013（4）：33．

② 彭建交，李雪莲，张金辉．生态危机及其根源［J］．科技信息，2007（11）：169．

震、雷电、泥石流、滑坡、洪涝、干旱等;另一类被称为次生环境问题,指由人的生产活动和社会生活所引起的环境问题,如工农业生产活动及其对自然资源和能源的过度消费所造成的环境污染、生态破坏、人口激增、城市膨胀、交通拥挤等社会活动所引发的环境问题。人们普遍认为次生环境问题是当代人类社会发展中所面临的最为严峻、也是最为直接的挑战之一,即使原生环境问题也无不与人类对生态环境的破坏活动有关。所以,一般在谈到环境问题时,也主要是指由人类活动所引起的环境问题。随着生态学和环境科学的发展,人们逐渐认识到了人类生产与生活活动对生态环境所具有的潜在的、长远的影响,而这种影响越来越具有全球的性质,这也使环境问题的研究从局部地区走向全球。就目前对全球性环境问题的研究来看,主要的环境问题有以下几类:

1. 大气污染所造成的温室效应、臭氧层破坏、酸雨

大气是地球生命活动所必需的,也是地球生命的天然保护衣。大气中的化学构成是地球经过数十亿年的自然演化形成的,具有极高的稳定性,即使是微小的、突然的非自然变化,也会对地球生命及其气候产生重要影响。自工业革命以来,人类每天都向大气中排放着数千种的化学物质,而且数量与日俱增。它不仅严重影响着大气的质量,导致每年数以万计的人生病或死亡,而且还对大气环境产生了更为深远和广泛的影响。这就是温室效应、臭氧层破坏、酸雨等。

(1)温室效应

温室效应是指大气中的许多成分,如二氧化碳(CO_2),能够强烈吸收从地面返回外空间的长波辐射,使大气温度升高的现象。温室效应主要是由于现代化工业社会过多燃烧煤炭、石油和天然气,这些燃料燃烧后排放出大量的二氧化碳气体进入大气造成的。研究表明,在众多导致温室效应的气体物质中,CO_2 在温室效应中起主导作用,其影响作用占25%左右。近一百年以来,由于生产和生活上燃料耗用量的激增和森林的大量破坏,使大气中的 CO_2 浓度以每年0.7~0.8立方厘米/立方米的速度递增,1988年已达350立方厘米/立方米,预计到2030年将达到450立方厘米/立方米。温室效应对气候的主要影响包括气温升高、降水增加和海平面上升。研究表明,过去一百年里全球平均气温上升0.2~0.5℃,海平面上升10~25厘米,陆地降雨量增加了1%。联合国还预测,到2050年全球平均气温将上升1.5~4.5℃,带来的影响是一些岛屿国家将不复存在,一些沿海城市将被淹于水中,其中包括几个国际大城市,如纽约、上海、东京和悉尼。[①] 温室效应可能会给某些地区的农业生产带来好处,但更多的是给人类和生态系统带来毁灭性的灾难。

① 参考《地球的未来——"阳伞效应"温室效应》,中央气象台网站。

(2)臭氧层破坏

臭氧层存在大气平流层中，主要分布在距地面 10 千米～50 千米的范围内，浓度峰值在 20 千米～25 千米处。由于臭氧层能吸收 99% 以上太阳的紫外线辐射，从而保护了地球上的生物不受其伤害，所以它对地球生命的诞生、演化和维持地球生态系统的平衡具有重要作用。但由于氯氟烃等这类有害气体的排放，臭氧层正受到越来越严重的破坏。1985 年，英国南极探险家首先发现南极上空的“臭氧空洞”。1995 年，南极上空出现过一次历时 40 多天，面积达 2 000 万平方千米的巨大“臭氧空洞”。北极也有类似问题。欧洲、北美、澳洲、西伯利亚、也包括中国等地区上空的臭氧层也都呈减少的趋势。这种趋势如果不能得到有效控制，将会给地球生命系统带来难以估量的损害。研究表明，过量的紫外线会导致皮肤癌的发病率，损害人的免疫力，增加传染病的发病率；降低生物的繁殖能力；杀死水中的微生物和浮游生物，从而削弱生态系统中食物链的基础；增强大气的温室效应，使气候趋于恶化等。

(3)酸雨

“酸雨”是指 pH 值小于 5.6 的酸性降雨或降雪。一般说来，大气中的不同酸性物质所形成的各类酸，都对酸雨的形成起作用，但起主要作用的是二氧化硫(SO_2)和氮氧化物(NO_x)所形成的酸。它们主要来自于燃煤和燃油发电厂、冶炼厂和工业锅炉，也有一部分来自汽车尾气。20 世纪 60 年代之前，酸雨只是在局部地区出现，如北欧地区；到 20 世纪 80 年代其危害开始全面显现，现已危害到世界大部分地区。我国在 20 世纪 70 年代末发现酸雨以来，30% 的农作物产地都受到酸雨的危害，致使农村、森林和人类健康的损失高达 130 亿美元。① 酸雨的危害是多方面的，但最主要的是对生态系统的破坏。酸雨可使江河、湖泊等地表水酸化，危害水中鱼虾，污染饮用水源；酸雨还会引起土壤性质的一系列变化，破坏土壤的营养结构，导致土壤贫瘠化，影响植物的正常生长，引起森林大面积死亡。此外，酸雨还腐蚀建筑材料、金属制品和文物古迹等。其对人体的健康也有直接和潜在的影响，人接触到酸雨后，眼睛和呼吸道会产生刺激症状，对抵抗力低的老人和儿童危害更大。著名的圣保罗大教堂的外部表层，正以每百年 2.5 平方厘米的速度被酸雨腐蚀剥落。

2. 资源危机

(1)水资源短缺、水污染

水资源是一种可更新的自然资源，虽然地球上的水资源很丰富，但可供利用的

---

① 参考《世界报告 2006 中国与印度》，河北教育出版社，2006 年。

淡水资源却相对很少,不到全球总水量的 0.5%,且大部分为固态水。据统计,全球有 100 多个国家缺水,其中严重的有 40 多个,60% 的大陆面积淡水资源不足①,中国也在其列。同时,水资源的污染也加重了水资源的短缺。目前世界的淡水资源约 1/3 受到了工业废水和生活污水的污染。世界卫生组织调查指出,人类疾病的 80% 与水污染有关。水污染以及卫生设施的不完善,使得每年全球 160 万 5 岁以下儿童死亡,每年约有 10 亿人因此患上多种疾病。② 至于海洋污染问题则更是日益突出,被联合国环境规划署称为威胁人类的十大环境祸患之一。海洋污染包括石油污染、有毒化学物质污染、放射性污染、固体垃圾污染、有机物污染以及海水缺氧等,其中最重要的是石油污染。石油污染给海洋生态系统带来一系列的有害影响,降低海洋植物光合作用的效率进而影响海洋生态系统,影响浮游生物等动植物的生存,食物链富集的有毒物质威胁人类的健康和安全。

(2)土地资源危机

土地是人类赖以生存的基础。据联合国粮农组织的研究,现在每年有 700 万公顷耕地消失,600 万公顷的土地变成沙漠,2 100 万公顷土地在经济上变成无生产力的土地。全球共有干旱、半干旱土地 50 亿公顷,其中 33 亿公顷遭到荒漠化威胁,致使每年有 600 万公顷的农田、900 万公顷的牧区失去生产力。中国虽然土地面积居世界第二位,但由于人口众多(占世界人口的 22%)、山地比例大(占 66%)、耕地自然条件差,耕地面积只占世界总面积的 7%;加之大面积施用农药、化肥以及污水灌溉等原因更加剧了耕地资源的不足。

(3)矿产和能源危机

当前,世界上资源和能源短缺问题已经在多数国家甚至全球范围内出现。这种现象的出现,主要是人类无计划、不合理地大规模开采所致。从目前石油、煤、水利和核能发展的情况来看,要满足需求量是十分困难的。有能源专家预测,地球上蕴藏的煤炭将在 200 年后开采完毕,石油在今后 30 ~ 40 年内开采完,天然气也只维持 60 年左右。此外,其他不可再生矿产资源的储量也在日益减少,这些资源终究会被消耗殆尽。③

3. 固体废物污染以及危险废物的转移

固体废物一般指人类在生产、加工、流通以及生活中被丢弃的固体或泥状物质。固体废物对周围的土壤、大气和水体造成污染,产生水污染、大气污染、土壤污

① 参考《森林锐减后果是什么？导致六大生态危机》,光明网。

② 刘昌明,曹英杰. 我国水污染状况及其对人类健康的影响与主要对策[J]. 科学对社会的影响,2009(2):16 - 22.

③ 张秀军. 全球性环境问题分析[J]. 科学之友,2006(1):92 - 93.

染、光污染、热污染、放射性污染和化学品污染等。特别是20世纪70年代以来,危险性废物的转移,使其污染范围不断扩大而发展成世界性的环境问题。它包括国内转移,即从城市向乡村的转移、从沿海发达地区向内陆欠发达地区的转移;跨国转移,即发达国家向发展中国家的转移。全球每年新增固体废物100多亿吨,转移的方式主要有两种:一种是废物的直接转移,一种是废物的间接转移,即重污染工业的转移。特别是跨国转移即发达国家将重污染工业如石油化工、金属冶炼、造纸等"夕阳产业"向发展中国家转移或将有毒废物直接输送到发展中国家,加速了废物污染的全球扩张,损害了发展中国家的环境和发展,使环境问题复杂化和严重化。

4. 生物多样性锐减

根据1992年在巴西里约热内卢签署的《生物多样性公约》,生物多样性是指"所有来源的形形色色的生物体,这些来源包括陆地、海洋和其他水生生态系统及其所构成的生态综合体;它包括物种内部、物种之间和生态系统的多样性。"生物多样性是相当部分工业原料和药品来源的保证,也是农业品种资源的保证,更重要的是它对维护生物圈的稳定和物质、能量的正常循环具有重要意义。而今天,由于人口的急剧增加和人类对资源的不合理开发,加之环境污染等原因,地球上的各种生物及其生态系统正遭到极大的冲击,生物多样性也遭到了比过去6 500万年以来任何时期都更为严重的威胁。据生物学家估计,地球物种总数可能有500~3 000万种,全球脊椎动物按过去30年的森林破坏速度计算,到2015年将有4%~8%的热带雨林物种濒临绝迹,在检测的695种陆地物种、344种淡水物种和274种海洋物种中,分别减少了31%,28%和27%。2004年11月在中国召开的国际自然资源保护联盟会议上,有专家指出,每一种鸟的灭绝,将使与它相伴随的35种植物、2~3种鱼类消亡;若2种鸟消亡,还将使1种哺乳类物种种群减少1/3。森林在地球生态系统中占有极其重要的地位,然而随着森林砍伐的速度远远大于森林的自然生长速度,世界森林覆盖率正在迅速减少。据联合国粮农组织(FAO)的调查,每年大约有近2 000万公顷的森林面积在消失,并呈逐年递增的趋势,这对人类及地球生态系统来说,都将产生灾难性的后果。

除此之外,全球性的环境问题还有由于人类不合理的开发利用造成自然灾害的不断加剧,自然资源的不断锐减。

二、国内生态环境问题

我国历来以幅员辽阔、资源丰富、环境优美著称。但在长期自然资源开发利用的过程中,我国生态环境已受到了严重破坏,整体环境质量仍在不断下降,且范围在扩大,程度在加剧。当前我国频发的种种生态危机已经造成极大的负面影响,甚至已经严重危及到我国整个社会生态的和谐稳定和生态文明建设进程。当前主要的生态环境问题体现在以下方面。

1. 自然生态破坏问题突出

水土流失、沙化土地以及天然草原退化仍然在扩展，全国水土流失面积达295万平方千米，占国土面积的30%，年均土壤侵蚀总量45亿吨，约占全球土壤侵蚀总量的1/5。一些流域水资源开发过度，水电建设、水资源调度不合理，导致中小河流普遍断流，水环境容量急剧下降，其中黄河、淮河、辽河开发利用率超过60%，海河超过90%，大大高于生态警戒线(30%~40%)，流域生态功能严重失调，其中华北平原出现世界上最大的地下水位下降漏斗。矿产、土地、旅游、能源等资源开发中的生态保护措施难以落实，生态补偿、生物安全、生物多样性保护、重点生态功能区保护等工作任务艰巨，造成区域生态系统被破坏。[①] 湖泊、湿地面积萎缩，天然湿地大量消失，生物多样性下降明显。生态环境不断被破坏，不仅造成了区域环境质量降低，而且加速了自然灾害发生的频率与危害强度，使国民经济和社会发展受到了严重的制约。

2. 生态环境污染严重

生态环境污染已经成为影响人类健康、持续发展的瓶颈之一。根据联合国调查，在全世界10个污染最严重的城市中，中国占有6个；中国污染物排放总量超过环境自净能力；城市空气污染严重威胁居民身体健康；重要河流与湖泊遭受不同程度的污染；工业危险废物、城市垃圾的数量在增加，无害化处理设施的建设滞后；噪声扰民相当严重。

(1)大气污染问题加剧

"PM2.5"从2013年开始进入公众视野，由于其来源广泛、成因复杂、危害严重、治理困难等特点而备受关注。近年来，受极端不利气象条件影响，我国中东部地区有时会出现长时间、大范围、重污染雾霾天气，覆盖范围近270万平方千米，影响人口约6亿。雾霾污染最严重时，北京市PM2.5小时浓度最大值为680微克/立方米，连续46小时大于300微克/立方米，石家庄市PM2.5小时浓度最大值接近1 000微克/立方米(新的环境空气质量标准日均值为75微克/立方米)，严重影响民众生产生活和身体健康。京津冀、长三角、珠三角等区域PM2.5污染严重，一些城市雾霾天数达100天以上，个别城市甚至超过200天。按照环境质量标准对比，全国70%左右的城市不达标，城市能见度十年来下降了2千米。

---

① 解振华. 新时期我国的环境保护问题[J]. 人民论坛,2005(06):6-7.

(2)水污染问题依然突出

2012 年,10 大流域中劣类水质比例占 10.2%,61 个重点湖(库)中 24 个劣于Ⅲ类标准,地下饮用水水源地水质 10% 不达标。地下水污染呈现由条带状向面状扩散、由浅层向深层渗透、由城市向周边蔓延的趋势,部分平原地区的浅层地下水有机物污染严重。全国 198 个地市开展地下水水质监测,综合评价结果显示,水质呈较差和极差的监测点占 57.3%,主要超标指标为铁、锰、氟化物、硫酸盐、氯化物等,个别监测点存在重金属超标等现象。

(3)土地污染严重

随着工业企业和医疗机构等不断增加,电子废物、工业废物、医疗废物和危险废物产生量持续增加。全国共有近 1.2 万座尾矿库,其中危库、险库、病库 1 470 多座。2005 年至 2012 年,环境保护部调度处理的突发环境事件共计 941 件,其中涉化学品 500 件,占 53%。我国的固体废物也是逐年增加,对城市来说,最主要的固体废物就是垃圾。我国城市每年的城市垃圾排放量约为 1.4 亿吨,人均 440 千克,年增长率 8% ~10%。由于我国对垃圾的无害处理率低,有近一半的垃圾未经处理就随意堆积或掩埋,致使全国 200 多个城市陷入垃圾的包围中。

(4)农村环境问题突出

全国 4 万个乡镇、近 60 万个行政村大部分没有环保基础设施,每年产生生活污水 90 多亿吨,生活垃圾 2.8 亿吨,不少地方还处于"垃圾靠风刮,污水靠蒸发"状态。化肥、农药的不合理使用问题突出,农药的有效利用率为 30% ~40%,化肥的有效利用率为 40% 左右。第一次全国污染源普查结果显示,全国耕地土壤污染显现,农业源排放的化学需氧量、总氮、总磷等污染物分别占全国排放总量的 44%,57% 和 67%。

3. 自然资源短缺

我国资源总量和人均资源量都严重不足,随着我国发展进程加快,我国资源短缺问题尤其突出。总量上,我国石油储量仅占世界的 1.8%,天然气占 0.7%,铁矿石不足 9%,铜矿不足 5%,铝土矿不足 2%。人均资源上,人均耕地面积为世界平均水平的 25%,人均水资源为世界平均水平的 25%,人均森林资源是 20%,石油、天然气、煤炭等重要矿产资源人均储量仅为世界的 11%、45% 和 42%。我国的资源消耗量增长速度惊人,新中国成立以来,GDP 增加了 10 多倍,而矿产资源消耗增加了 40 多倍。其中,从 1990 年到 2001 年,我国石油消耗量增长 100%,天然气增长 92%,铜消耗量增长 189%,铅消耗量增长 380%,锌消耗量增长 311%,10 种有色金属消耗量增长276%。[①] 许多用量较大的矿物资源愈来愈依赖国际市场，资源短缺已经制约着我国经济的进一步发展。英国石油公司（BP）的《世界能源统计年鉴》显示，2010年，中国超过美国成为世界上最大的能源消费国，中国的能源消费量占全球的20.3%，超过了美国19%的占比。中国的人口是美国的4倍，但是中国的经济规模只是美国的三分之一。如今，我国钢材消耗量已经达到大约2.5亿吨，接近美国、日本和欧盟钢铁消耗量的总和，约占世界的50%；电力消耗已经超过日本居世界第二位，仅低于美国。中国油气资源的现有储量将不足10年消耗，最终可采储量勉强可维持30年消费。在铁、铜、铅、铝等重要矿产的储量上，无论是相对量还是绝对量，中国已无大国地位。而我国原储量、产量和出口量上均居世界首位的钨、稀土、锑和锡等优势矿种，因为滥采乱挖和过度出口，绝对储量已下降了30%～50%，按现有产量水平保障程度亦已不超过10年。

4. 自然灾害频发

我国是自然灾害频发的国家之一。近十年，在继美国和日本之后，中国已经成为世界上第三个灾害损失最为严重的国家。2006年自然灾害是1998年之后最为严重的一年。全国各类自然灾害共造成3 186人死亡，紧急转移安置人口1 384.5万人（次）；倒塌房屋193.3万间，因灾直接经济损失2 528.1亿元。[②] 我国自然灾害中，气象灾害占70%以上。中国每年受气象灾害影响的人口约6亿人次，造成的直接经济损失约2 000亿元。同时，我国洪涝灾害也比较严重，我国约有2/3的资产、1/2的人口、1/3的耕地分布在受洪灾危害严重的区域内。20世纪90年代由于水灾造成的平均直接经济损失高达1 169亿元。同时我国地质灾害损失较大。1976年唐山地震和2008年汶川地震造成了巨大的人员伤亡和财产损失。[③]

第二节　现阶段城市（传统城市）发展的困境

一、城市发展历程

人类社会的城市承载了人类大多数梦想与灾难。城市是一个随时间发展而不断演化的客观存在，其演化过程表现出明显的阶段性特征。从历史看，城市的发展主要经历了四个阶段，见表1－1。

---

① 闭薇娜，谭志雄. 论资源危机与生态文明建设[J]. 重庆大学学报，2006(5)：65－68.

② 徐勇，吕瑞瑞，曲国胜，等. 2006年全球巨灾事件回顾与启示[J]. 防灾科技学院学报，2007(1)：6－9.

③ 章国材. 防御和减轻气象灾害——2006年世界气象日主题[J]. 气象，2006(3)：3－5.

表 1-1 城市发展历史阶段

历史阶段	存在时间	主要特点
古代城市阶段	原始公社解体到公元476年西罗马帝国灭亡	奴隶社会时期,中国处于城市兴起阶段(魏晋南北朝前)。其城市特征:规模小且数量少;城市的政治统治功能突出,经济功能弱;人类对环境的影响比较小
中世纪城市阶段	公元476—1640年英国资产阶级革命爆发	封建社会时期(前工业社会),中国处于城市发展较快阶段,隋唐盛世、康乾盛世出现。其城市特征:范围分布较为广泛;城市成为商品市场和贸易中心,也成为文化中心;城市的功能日趋多样化。在中国,传统的商业贸易城市支撑了农业文明、传统手工业的发展
近代城市阶段	1641—1917年俄国十月革命	城市的发展进入快速发展的资本主义社会时期(工业社会)。其特征:城市的规模迅速扩张、数量急剧增加;城市成为以机器大工业生产为基础的社会生产力的中心以及世界贸易和科学技术中心;城市成为社会意识形态剧烈冲突与各文化汇集的区域;城市成为各类环境问题和社会问题最为集中之地
现代城市阶段	20世纪20年代至今(现阶段城市发展阶段)	世界多元化的时代(信息时代),现阶段城市发展出现了多元化的特征:城市成为人类的主要聚居区;城市成为第三产业和高新技术的中心;城市是世界经济联系网的基本节点;城市空间是区域形态的基本构成;城市生态在社会可持续发展中的地位更为重要,面临更加严峻的挑战

在这1万多年的城市发展历程中,人类对城市这种历史上最宏大的作品的认识不断深入。人类社会几万年的农耕文明对地球影响非常有限,农耕文明与生态环境大体上是和谐的,传统农业基本上是一种循环式的生产生活方式。但是,人类进入工业文明之后,短短三百年的工业文明历程和少数几个西方国家的发展就消耗了地球资源的60%以上,所排放的二氧化碳使地球的二氧化碳气体浓度人为地增加了5倍。近三百年的工业文明和城市化的发展使得人类的家园面临着前所未有的生存问题。同样,新中国成立六十多年来,中国城市化率由成立初期的10.6%,上升为今天的45.7%。这条路历程艰辛、成就骄人,但差距仍然明显,矛盾仍然突出。

二、传统城市发展困境

随着工业化和城市化进程的加快,现阶段城市出现了多元化的发展特征,同时也面临着发展和生存困境。相对于生态城市、低碳城市等未来城市发展的主要模式,我们称现阶段城市发展阶段为传统城市发展阶段。2011 年,城镇总人口比 2002 年增长了 37.6%,乡村总人口减少了 16.1%。2011 年,我国城镇化率首次突破 50%,达到 51.3%,比 2002 年提高 12.2 个百分点,我国城乡结构发生历史性变化(图 1-1)。城镇吸纳就业的能力不断增强。2011 年,城镇就业人员 35 914 万人,比 2002 年增加 10 755 万人,年均增加 1 195 万人。城镇就业人员占全国就业总量的比重为 47.0%,比 2002 年提高 12.7 个百分点。城镇就业岗位的快速增加,带动了乡村劳动力不断向城镇转移。传统城市发展中出现了一系列的问题,如人口爆炸式增长、城市蔓延无法控制等,给城市发展带来越来越多的困境。

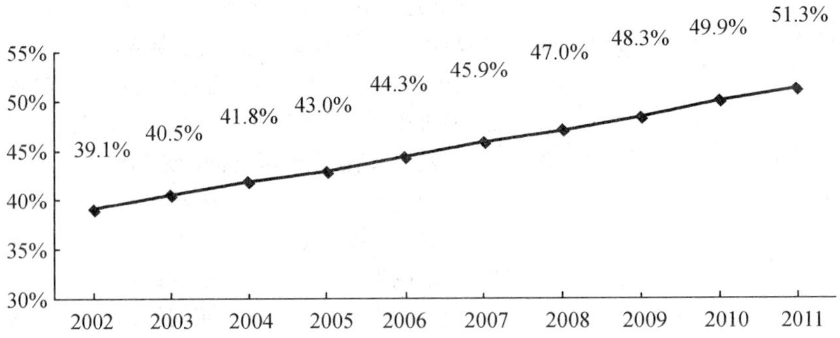

图 1-1　2002—2011 年我国城镇化率变化情况示意图①

1. 高耗能发展模式难持续

城市是经济发展“重镇”,我国城市的产值约占整个社会产值的 80%,当然城市也消耗了全球 80% 左右的资源,我国还有三四十年的城镇化高度发展期,2 万多个城镇发展面临的最直接的问题便是原煤、石油、天然气、水电、核电、风电等资源的消耗增加。随着全球资源能源短缺问题的逐步升级,如何面对日益增长的能源和原料需求,将是新世纪中国经济持续增长、城市与区域可持续发展所面临的巨大挑战。

① 参考《从“快字当头”到“好字优先”:转变经济发展方式取得新进展——从十六大到十八大经济社会发展成就系列报告之二》,2012 年 8 月。

除了资源开发开采上的日益短缺外,我国在资源利用上仍处于粗放型增长阶段,也使得现有高耗能发展模式难以持续。以能源利用效率为例,我国与发达国家差距非常大,见表1-2。此外,每吨标准煤的产出率,我国相当于美国的29.6%,欧盟的16.8%,日本的10.3%。我国在资源再生利用率上也远低于发达国家。例如,我国人均资源量仅为世界平均水平的1/4,但水资源循环利用率比发达国家低50%以上,资源再生利用率也普遍较低。我国GDP约占全球GDP总量的7%,消耗的煤是全世界的31%,石油超过7%,假如能耗仍以8.9%的速度增长,2020年将达79亿吨标准煤,占全球能耗的1/2。当然,如此增长是不可能的,地球上资源能源是有限的,无法支持。目前中国的600多个城市中有400个处于缺水状态,尤其是北方地区缺水更为严重。但是,中国现有的城市自来水有20%却被白白浪费掉了。[①] 在2011年举行的第三届"中国和谐城市可持续发展高层论坛"上,专家表示,近年来我国交通运输、仓储和邮政行业的能源消耗从1995年开始缓慢上升,到2003年增长率陡增,虽然受到世界经济危机的影响在2008年略有下降,但是这种增长势头是难以从根本上改变的。截至2009年,我国总能源消耗达到23 691.84万吨标准煤。目前我国城市高能耗的发展模式难以为继,绿色转型迫在眉睫,城市智能化管理面临新的机遇。这将迫使我国的城市化发展不能照搬美国的城市化发展模式。在产业结构转型过程中,我国要走内涵挖潜式的发展道路。

表1-2　单位GDP产出能耗比较

国家	中国	日本	意大利	法国	德国	英国	美国	加拿大
能源利用效率比较	11.5	1	1.33	1.2	1.5	2.17	2.67	3.5

注:资料摘自中国城市环境卫生协会《环卫信息》,上表以日本的能耗率为基准进行比较。

2.城市自然生态系统危机

随着我国经济的发展,我国城市工业化进程逐渐加快,但在城市工业化进程中也加快了对生态环境的破坏,产生的影响主要体现在生态系统服务功能退化、环境严重污染、自然空间缺失等方面。

城市生态系统的服务功能体现在生态系统产品和服务对人类生存与生活质量有贡献。生态系统的服务功能按照MA工作组提出的分类方法(MAG,2002)体现

① 科技日报.我国城市高能耗发展模式难持续,管理亟需智能化[EB/OL].http://news.hexun.com/2011-01-21/126943144.html.2011-01-21.

在提供产品（食物、水的供给等）、调节（保持生态系统的平衡，如防风固沙、调节洪涝干旱等）、文化（人的精神感受、美学体验等）和支持（保证其他所有生态系统服务功能提供所必需的基础功能）四个方面。生态系统作为生命支持系统，其生态服务功能已经严重退化。如深圳市 1996—2004 年间，由于其林地和湿地面积减少造成生态系统服务价值共减少了 2.31 亿元。① 重庆市自 1997 年成为直辖市后耕地、林地大量向城市建设用地转化，城市生态系统服务价值急剧降低，见表 1－3。重庆市新增城市建设用地侵占的主要是生态服务功能较强的林地，改变了下垫面性质，价值为负。1993 年重庆市主城区生态系统总服务价值为 5.647 5 亿元，2004 年为 3.877 1 亿元，下降了 31.3%。水域和林地面积变化对重庆主城区生态系统总服务价值影响明显。②

表 1－3　重庆市主城区生态系统服务价值

土地利用类型	生态系统服务价值/10^6元						
	林地	草地	旱地	水田	水域	城市建设用地	合计
1993 年	144.46	0.4	219.24	78.93	190.64	－68.92	564.75
2000 年	133.23	0.4	216.41	48.62	190.66	－100.55	488.77
2004 年	111.94	0.4	187.07	38.26	190.51	－140.47	387.71

城市发展格局是总体在恶化，局部在改进，破坏自然的速度已经远远超越了国家治理的力度，城市越来越陷于环境污染带来的威胁中。城市环境污染是多方面的，内容和形式极其广泛。比如城市噪音污染问题、垃圾包围了城市、空气水体严重污染、气候变化问题日渐严峻等，这些对城市的发展造成了严重的影响，同时给人们的生活带来了严峻的考验。传统的发展模式并不能提高城市的抗灾害性，又给城市的生态文明建设带来更多的挑战。来自东方评论（2006－7－28）称，世界银行估计，由于污染造成的健康成本和生产力的损失大约相当于国内生产总值的 1%～5%。现代流行病学研究证实，70%～90% 的人类疾病都与环境污染有关。如大庆油田开发过程中产生的油井场落地原油和水基钻井液、输油管线冒漏、井喷漏、石油化工厂的泄漏及废气废液排放扩散和原材料堆放等对大庆及周边地区 0～20 厘米的土壤层造成了不同程度的石油、酚、镉等污染。油井场周围的落地原

① 李文楷，李天宏，钱征寒．深圳市土地利用变化对生态服务功能的影响［J］．自然资源学报，2008（3）：441－443.

② 张凤太，苏维词，赵卫权．基于土地利用/覆被变化的重庆城市生态系统服务价值研究［J］．生态与农村环境学报，2008，24（3）：21－25.

油散布面积较大，残留量较大，尤其是管理和控制差的井场，贮油池由于维修较差，内部油土淤积，池底较浅，输入原油量过大或雨较大，致使大量的油水混合物外流，随地表径流携带至低洼处，不仅污染了草原和地面水体，也污染了大面积土壤。大庆及周边地区水域面积 65 万公顷，除引嫩来水、大庆水库、西排干北部水质属Ⅲ类水体外，其余大部分水域类别属Ⅴ类水体。①

3. 城市发展社会矛盾加剧

我国现阶段正处于建设社会主义和谐社会的重要时期，随着人们的生活水平不断提高，需求也在不断提高，导致一系列的社会问题出现，引发的一些社会矛盾难以调节，主要体现在城乡发展不平衡、民生问题突出、群体性事件影响广泛等。

(1)城乡、地区发展不平衡

城市自身发展带来的问题是城乡之间发展的不平衡，城乡之间收入差距大，城乡消费差距较大，城市外来人口大量增加，地区之间经济发展不平衡，并且城乡之间的公共基础设施差距也较大，医疗、教育、文化、环保等方面的资源缺乏。根据国家统计局统计数据，城乡居民可支配收入差距不断扩大(图 1－2)，改革开放后城乡收入差距曾一度有所缩小，1983 年城乡居民人均收入比为 1. 82:1，但后来又逐步拉大，2009 年扩大到 3. 33:1，农民人均纯收入与城镇居民人均可支配收入 2011 年相差达到 14 832. 5 元。除经济差距外，城乡之间基本公共服务水平的差距也较大。目前广大农村只拥有城镇 30% 的卫生资源，农村居民人均卫生费用不足城市居民的 1/4。根据卫生部公布的 2009 年第四次国家卫生服务调查结果，农村饮用水安全比例为 85%，自来水普及率为 42%。而在 2003 年时，全国大、中城市自来

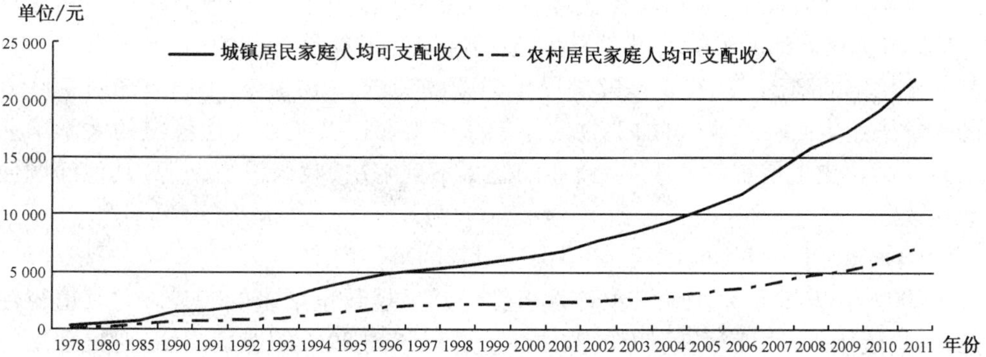

图 1－2　1978、1980、1985、1990—2011 年城乡居民家庭人均收入比较曲线

① 王立勇，董学良，李楠，等. 大庆及周边地区地质环境问题现状及防治对策[J]. 黑龙江水利科技，2010(1):177－178.

水普及率几乎达到了100%,小城市也已经达到90%。[①]

应该说,目前我国城乡发展不平衡问题,体现在经济社会发展的很多方面和不同层次。根据国家统计局公布的数据,2009年我国东部地区年人均收入为38 587元,西部地区为18 090元,差距达2万余元。从省际差别来看,最高的上海市年人均收入为76 976元,最低的贵州省为9 187元,两地相差67 789元。目前全国4 007万贫困人口中,中西部地区所占比重高达94.1%。

(2)民生问题突出

在城市发展取得巨大成就的同时,社会领域中的矛盾和问题逐渐凸显。在山东省民生发展与城市化发展的调研中发现,山东省17个城市的城市化率的排名几乎与民生民意度的排名相反。城市化率排名倒数的临沂、德州和菏泽在民生满意度方面却排到第一、二、四名,而城市化率第一梯队的济南、青岛、潍坊在民生满意度方面却排在倒数第五、六、七名。居民对民生问题的满意度同样与省内东西部地区城市化率相反,城市化率是东快西慢,但民生满意率却是西高(菏泽)东低(青岛)。[②] 随着城市化水平的不断提高,将有更多的城市面临更多的民生满意度降低问题。中国社科院主编的"社会蓝皮书"《2010年中国社会形势分析与预测》指出,民生问题是社会问题中的重中之重,而利益之争是现今社会矛盾问题的根本点。如住房、教育、就业、医疗、养老等民生问题上的日益突出,住房难、看病难、出行难等问题也成为民众关心的问题。以住房为例,虽然政府采取了多项措施对房地产市场进行调控,包括大力建设保障房、限购措施、房产税等,但买房难仍然是社会热点问题。义务教育问题中,2010年,在北京市30多万农民工子女中,有近3万名适龄儿童不能及时入学,接纳学校大部分在北京基础薄弱的学校或郊区的乡镇。这3万名游荡在首都街头的农民工子女,他们耽误的不仅是自己的前途,还会成为首都安全稳定的隐患。[③] 就业是解决民生问题的关键。2013年,中国有超过700万的大学毕业生面临就业,再加上之前几年尚未就业以及工作无法稳定的大学毕业生,被称为"史上最难就业季"。就业问题得不到解决,收入没有来源,其他问题便无从谈起。

(3)群体性事件影响广泛,环境保护引发的事件增多

2009年以来,群众上访和群体性事件仍然呈现数量增多的态势。尤其值得注意的是,近年来,环境污染引发的群体性事件以年均29%的速度递增,对抗程度总

---

① 俞雅乖.基本公共服务城乡差距及均等化的财政机制[J].经济体制改革,2009(1):120-123.

② 庞长青,王营章.山东民生问题与城市化发展水平调研[J].现代商业,2011(27):268-269.

③ 冯虹.首都农民工子女教育公平问题探析[EB/OL].[2010-5-17].http://www.bjpopss.gov.cn/bjpssweb/n32873c27.aspx.

体上明显高于其他群体性事件。根据环保部门的分析,21 世纪以来发生的全国十大环保事件中,发生在 2009 年的竟有 6 起之多。此外,群体性事件更多地以“集体散步”“集体购物”“集体喝茶”“集体休息”等形式来表示抗议。① 此外,在城建过程中拆迁引发的矛盾、劳资关系等社会利益群体矛盾日益显现,社会治安出现不少新情况。

4. 城市文化发展的缺失

城市化进程中,城市文化受到了前所未有的冲击。城市文化包括物质形态的城市文化(如建筑、旅游景点等)和非物质形态的城市文化(如民俗民风、意识形态等)。城市发展中物质文化和非物质文化严重缺失,出现了城市建设与文化建设不同步的现象,文化建设本身重视物质文化建设而忽略精神文化建设,尤其是生态文化建设。传统城市发展面临多样困境,面临严重的生态危机、发展危机,生态环境问题的解决不仅需要科技的发展和经济、法律的手段,更需要一种新的价值观、发展观进行引导,需要人们从基本观念上改变原有的生态环境观,并用新的生态环境观去指导我们的科技、经济和社会发展,从人类文明的发展本质和规律上,去认识新文明产生的历史必然性和指导我们的文明建设活动。而民众旧有的生态环境观念和环保意识的淡薄制约了新的城市发展模式的出现和构建。② 国外很多民众环保意识都很强,他们是城市的生产者、建设者、消费者、保护者,主要参与到生态城镇建设中,无论是规划方案的制订、实际的建设推进过程,还是后续的监督监控,都有具体的措施保证群众的广泛参与。这种做法,在很多城市收到了良好的效果。如德国生态城市埃朗根城在建设中努力与市民一起进行规划,有意与一些行动小组,特别是与环境有关的小组合作,使他们在一些具体项目中作为合作伙伴,同时又使他们保持自由,并可以抨击当局的某些决策。日本大阪市每年 9 月发动市民开展公共垃圾收入集中活动,并向 100 万户家庭发放介绍垃圾处理知识和再生利用的宣传小册子。③

此外,城市文化特色消失。几乎所有大城市都在进行大规模建设,拆旧房建新楼已是城市建设的重要途径,大部分新建楼房大同小异,致使我国城市面貌都是一个模式,千城一面。在城市的改建、扩建中,一批又一批具有历史价值和文化价值的建筑被损坏、拆除,原有的城市文化特色正在逐渐消失。

5. 城市空间无序开发

城市空间开发无序是城市发展中的突出问题,主要包括空间布局不合理和膨

---

① 王明浩. 大城市发展的困境与出路[N]. 中国社会科学报,2012 -4 -9(289).

② 赵成. 生态文明的兴起及其对生态环境观的变革[D]. 北京:中国人民大学,2008.

③ 孙非亚,陈曦. 国外生态城市建设经验及对中国的启示[J]. 世纪桥,2011(21):136 -137.

胀式的开发。在城市迅速膨胀的同时，城市空间布局缺乏科学合理的规划和管理。实际上，不合理的城市规划是城市任意扩展的始作俑者。我国城镇人均用地高达 133 m^2，大大高于世界上发展中国家的平均 83.3 m^2、发达国家的 82.4 m^2 的水平。人口的膨胀加上城市空间无序开发直接引发城市交通问题突出。交通拥堵成为大城市的通病。城市交通规划与社会经济发展不相适应，出现了公共交通建设滞后，停车设施缺失，交通管理失控，交通事故频发等现象。据英国 SYSTRA 公司对发达国家大城市交通状况的分析，交通拥堵造成国民生产总值损失 2%，交通事故造成损失 0.3%。

在此背景下，我国的城市发展模式应该如何转型？城市发展模式转型的趋势是什么？这些已成为决策者和城市规划建设者迫切需要思考和解决的问题，这些都为生态城市理论与实践研究提供了依据。

第三节　生态城市建设的必然性

什么是生态城市？生态城市简单说就是一种能够促使城市人口、资源、环境和谐共处，社会、经济、自然协调发展，物质、能量、信息高效利用的发展模式。生态城市的构建既能保证城市经济的持续增长，也能保证城市发展的质量；既能满足城市发展对资源环境需要，也能满足居民的需要，实现生态良性循环，实现可持续发展。因此，建设生态城市有其必然性，主要体现在能够解决传统城市困境，提高城市竞争力，是城市发展的未来趋势。

一、建设生态城市是现阶段城市发展的客观要求

1. 落实“十二五”规划的重要内容

2011 年的《中华人民共和国国民经济和社会发展第十二个五年规划纲要》，指出“十二五”时期经济社会发展主要指标 24 项，约束性指标达到了 12 项，其中关于资源环境的 8 项指标中有 7 项是约束性指标，包括单位工业用水量减少 30%，单位生产总值能源消耗降低 16%，单位国内生产总值二氧化碳排放量降低 17%，主要污染物排放总量减少（化学需氧量 8%、二氧化硫 8%）等方面，见表 1－4。从中可以看出，生态环境保护与节能减排已经被提到了更加突出重要的位置。未来，中国只有以转变发展方式和调整经济结构为主线，以采用低碳发展模式和建设低碳生态城市为手段，才能实现中国经济社会的转型发展和健康发展。

表 1－4　“十二五”时期经济社会发展主要指标

<table>
<tr><th></th><th colspan="2">指　标</th><th>2010 年</th><th>2015 年</th><th>年均增长值</th><th>属性</th></tr>
<tr><td rowspan="3">经济发展</td><td colspan="2">国内生产总值/万亿元</td><td>39.8</td><td>55.8</td><td>7</td><td>预期性</td></tr>
<tr><td colspan="2">服务业增长值比重</td><td>43%</td><td>47%</td><td>4%</td><td>预期性</td></tr>
<tr><td colspan="2">城镇化</td><td>47.5%</td><td>51.45%</td><td>4%</td><td>预期性</td></tr>
<tr><td rowspan="4">科技教育</td><td colspan="2">九年义务教育巩固率</td><td>89.7%</td><td>93%</td><td>3.3%</td><td>约束性</td></tr>
<tr><td colspan="2">高中阶段教育入学率</td><td>82.5%</td><td>87%</td><td>4.5%</td><td>预期性</td></tr>
<tr><td colspan="2">研究与试验发展经费支出占 GDP 比重</td><td>1.75%</td><td>2.2%</td><td>0.45%</td><td>预期性</td></tr>
<tr><td colspan="2">每万人口发明专利拥有量/件</td><td>1.7</td><td>3.3</td><td>1.6</td><td>预期性</td></tr>
<tr><td rowspan="11">资源环境</td><td colspan="2">耕地保有量/亿亩</td><td></td><td></td><td>0</td><td>约束性</td></tr>
<tr><td colspan="2">单位工业增加值用水量降低</td><td></td><td></td><td>30%</td><td>约束性</td></tr>
<tr><td colspan="2">农业灌注用水有效利用系数</td><td></td><td></td><td>0.30</td><td>预期性</td></tr>
<tr><td colspan="2">非化石能源占一次能源消费比重</td><td>0.5%</td><td>0.53%</td><td>3.1%</td><td>约束性</td></tr>
<tr><td colspan="2">单位国内生产总值能源消耗降低</td><td>8.3%</td><td>11.4%</td><td>16%</td><td>约束性</td></tr>
<tr><td rowspan="4">主要污染物排放总量减少/%</td><td>化学需氧量</td><td></td><td></td><td>8</td><td rowspan="4">约束性</td></tr>
<tr><td>二氧化碳</td><td></td><td></td><td>8</td></tr>
<tr><td>氨氮</td><td></td><td></td><td>10</td></tr>
<tr><td>氮氧化物</td><td></td><td></td><td>10</td></tr>
<tr><td rowspan="2">森林增长</td><td>森林覆盖率</td><td>20.36%</td><td>21.66%</td><td>1.3%</td><td rowspan="2">约束性</td></tr>
<tr><td>森林蓄积量/亿立方米</td><td>137</td><td>143</td><td>6</td></tr>
<tr><td rowspan="9">人民生活</td><td colspan="2">城镇居民人均可支配收入/元</td><td>19 109</td><td>>26 810</td><td>>7%</td><td>预期性</td></tr>
<tr><td colspan="2">农村居民人均纯收入/元</td><td>5 919</td><td>>8 310</td><td>>7%</td><td>预期性</td></tr>
<tr><td colspan="2">城镇登记失业率</td><td>4.1%</td><td><5%</td><td></td><td>预期性</td></tr>
<tr><td colspan="2">城镇新增就业人数/万人</td><td></td><td></td><td>4 500</td><td>预期性</td></tr>
<tr><td colspan="2">城镇参加基本养老保险人数/亿人</td><td>2.57</td><td>3.57</td><td>1</td><td>约束性</td></tr>
<tr><td colspan="2">城乡三项基本医疗保险参保率</td><td></td><td></td><td>3%</td><td>约束性</td></tr>
<tr><td colspan="2">城镇保障性安居工程建设/万套</td><td></td><td></td><td>3 600</td><td>约束性</td></tr>
<tr><td colspan="2">全国总人口/万人</td><td>134 100</td><td><139 000</td><td><7.2%</td><td>约束性</td></tr>
<tr><td colspan="2">人均预期寿命/岁</td><td>73.5</td><td>74.5</td><td>1</td><td>预期性</td></tr>
</table>

注：资料来源《中华人民共和国国民经济和社会发展第十二个五年规划纲要（全文）》。

2. 落实“十八大”生态文明建设的重要举措

2012年11月，党的十八大从新的历史起点出发，做出“大力推进生态文明建设”的战略决策，从10个方面绘出生态文明建设的宏伟蓝图。党的《十八大报告》不仅在第一、第二、第三部分分别论述了生态文明建设的重大成就、重要地位、重要目标，而且在第八部分用整整一部分的宏大篇幅，全面深刻论述了生态文明建设的各方面内容，我们要深入学习领会、认真贯彻落实。相比5年前党的《十七大报告》直接提到“环境”或“生态”字眼的地方达28处，党的《十八大报告》中大幅增长至45处，同时值得关注的是，“自然”也成为报告中的又一个关键词，将生态文明建设与经济建设、政治建设、文化建设、社会建设相并列，形成建设中国特色社会主义五位一体的总布局，完整描绘了今后相当长一个时期内我国生态文明建设的宏伟蓝图。

党的《十八大报告》指出，建设生态文明，是关系人民福祉、关乎民族未来的长远大计。面对资源约束趋紧、环境污染严重、生态系统退化的严峻形势，必须树立尊重自然、顺应自然、保护自然的生态文明理念，把生态文明建设放在突出地位，融入经济建设、政治建设、文化建设、社会建设各方面和全过程，努力建设美丽中国，实现中华民族永续发展。坚持节约资源和保护环境的基本国策，坚持节约优先、保护优先、自然恢复为主的方针，着力推进绿色发展、循环发展、低碳发展，形成节约资源和保护环境的空间格局、产业结构、生产方式、生活方式，从源头上扭转生态环境恶化趋势，为人民创造良好生产生活环境，为全球生态安全做出贡献。具体措施是：一是优化国土空间开发格局；二是全面促进资源节约；三是加大自然生态系统和环境保护力度；四是加强生态文明制度建设。创建生态城市的重要内容就是生态文明建设，而扎实推进生态文明建设为生态城市构建提供思路，才能实现生态城市建设的总体目标。

3. 现阶段解决传统城市困境的重要方向

传统城市面临高耗能发展模式难持续、城市自然生态系统危机、城市发展社会矛盾加剧、城市文化发展的缺失、城市空间无序开发等方面的困境，复合生态系统出现了多样的问题，促使当前的城市发展呼唤新的城市发展和治理模式。2007年国家环境保护总局印发的《关于印发〈生态县、生态市、生态省建设指标（修订稿）〉的通知》（环发[2007]195号）指出，生态市（含地级行政区）建设指标体系：经济发展（单位GDP能耗、强制性实施清洁生产企业比例等5项）、生态环境（森林覆盖率、空气质量、水质量、噪声质量、污染物排放强度、城市垃圾无害化处理等11项约束性指标）、社会进步（公众对环境的满意度等3项参考性指标）。生态城市成为降低资源消耗、改善生态环境、促进社会和谐以及改善人居模式的关键所在。

建设生态城市，既是顺应城市低碳化、生态化发展趋势的重要战略抉择，同时也是转变发展方式、践行科学发展观的重要举措。越是生态环境脆弱的地区，越要构建良好生态环境；越是重化工业的城市，越要构建资源能源节约型循环经济。通过生态城市的建设，可以及早面对减排压力，及早调整城市治理模式，可以让依赖传统工业的高消耗、高能耗、高污染的城市通过产业机构的调整、环保监控的执行、城市居民理念的提升实现跨越式发展。通过生态城市的建设，可以实现城乡资源的合理流动和共同富裕，化解社会矛盾。随着经济的日益发展，城市居民生活水平也逐步提高，城市居民对生活的追求将从数量型转为质量型，从物质型转为精神型，从户内型转为户外型，生态休闲正在成为市民日益增强的生活需求，城市生态环境的建设恰恰可以满足人们对户外休闲的需求。不进行生态发展是没有前途的，最终是要受到限制和惩罚的。把城市建设成生产发展、生活富裕、生态良好、资源节约、环境友好的现代化大都市，人民能在良好的生态环境中生产生活，实现经济社会永续发展，人与自然和谐相处，是生态城市建设的方向。

二、建设生态城市是提高城市竞争力的现实需要

生态城市不仅为城市发展的瓶颈提供解决方案，顺应了城市演变规律的必然要求，而且带来了新的发展契机，成为谋求城市新兴竞争力的重要内容。大力提倡建设生态型城市成为推进城市持续快速健康发展的需要。一是抢占科技制高点和发展绿色生产力的需要。发展建设生态型城市，有利于涉入世界绿色科技先进领域，提升城市的整体素质、国内外的市场竞争力和形象。生态城市建设有利于培育新的经济增长点，加快生态经济的发展。生态城市的创建按照生态经济模式，对产业结构进行调整，有助于实现产业和资源重组，把资源优势、环境优势转化为经济优势。低碳产业以及相关的环保产业不仅提供了产业选择，而且提供了大量的地区性就业机会。我国城市类别繁多，有的以自然资源开发为主，有的以制造加工为主，有的城市注重现代化建设，各种不同类型的城市进行生态城市建设的不同方法和路径为城市发展提供了新的机遇。二是推进可持续发展的需要。党中央把“可持续发展”与“科教兴国”并列为两大战略，在城市建设和发展过程中，当然要贯彻实施好这一重大战略。近年来，以生态城市建设为载体的区域可持续发展正在中华大地迅猛推进。特别是党和政府提出的科学发展观、五个统筹、建设和谐社会和新农村建设，更为区域可持续发展丰富了内容。中国的生态城市建设是在科学发展观指导下，以不同尺度的区域单元为平台和切入点，探索可持续发展道路的一次尝试。生态城市建设充分反映了各级政府和广大群众在可持续发展战略的指导下，积极探索在不同区域水平上保护生态环境、发展生态经济、创建生态文明以及建设新型社会的强烈愿望，同时也成为当代区域发展的主旋律。

三、生态城市是未来城市发展的趋势

生态型城市是城市发展的高级形态。从 20 世纪 80 年代开始,世界上不少国家的许多城市就率先探索起生态型城市建设模式,并相继开启生态型城市建设的序幕。

自 1992 年美国在加州伯克莱实施了生态城市计划以来,其理念和做法在全球产生了广泛的影响。经过几十年努力,目前,美国、巴西、新西兰、澳大利亚、南非以及欧洲的一些国家都已经成功地进行了生态城市建设。英国米尔顿·凯恩斯市被称为“绿色城市”,城市 1/6 的面积是公园。经过 25 年的建设,至 1992 年形成了规模超过 15 万人口的城市,公园绿地面积高达 1 750 公顷,并在城市道路两旁有 160 多公顷的林地,即使在大型的购物中心,也配置有精致的室内花园,人均公园绿地面积高达 100 公顷以上。位于美国西海岸的滨海城市伯克利,从 1975 年开始进行了卓有成效的生态城市建设实践,现今伯克利已经具有典型的城乡一体化的空间结构,这有力地促进了城市可持续发展,伯克利也因此被认为是全球“生态城市”建设的样板。新加坡之所以被称为“花园城市”,与人们对自然的关爱和人与自然的和谐共处、追求天人合一的观念是分不开的。新加坡人深深地感到,城市化高度发达的新加坡留给自然的空间越来越少,因此更要珍视自然。新加坡城市规划中专门有一章“绿色和蓝色规划”来确保在城市化进程飞速发展的条件下,新加坡仍拥有绿色和清洁的环境,充分利用水体和绿地提高新加坡人的生活质量。新加坡实现了地面温度比大气温度低 2℃的成就,污水再处理、再利用率达到了 100%,生态城市的可持续发展成绩由此可见一斑。丹麦的哥本哈根市生态城市建设项目是丹麦第一个生态城市的建设项目,旨在建立一个生态城市的示范城区,为丹麦和欧洲的生态城市建设取得经验。其生态城市建设的内容包括:建立绿色账户(一个城市、一个学校或者一个家庭日常活动的资源消费)、确定生态市场交易日(每个星期六,商贩们携带生态产品在城区的中心广场进行交易)、吸引学生参与生态城市项目(在学生课程中加入生态课,对学生和学生家长进行与项目实施有关的培训)。①

随着可持续发展思想在世界范围的传播,可持续发展理论也开始由概念走向行动,人们的环境意识正不断得到提高。当今世界一些发达国家,伴随着现代生产力的发展和国民生活水平的提高,尤其是对生活质量提出了更高的要求,其中最重要的是对生态环境质量的要求越来越高,使现代人对生态需求与消费比以往任何

① 参考《国外生态城市建设经典案例》,中国环保网。

时期都显得重要。21 世纪是生态世纪，即人类社会将从工业化社会逐步迈向生态化社会。从某种意义上讲，下一轮的国际竞争实际上是生态环境的竞争。从一个城市来说，哪个城市生态环境好，就能更好地吸引人才、资金和物资，处于竞争的有利地位。因此，建设生态城市已成为下一轮城市竞争的焦点，许多城市把建设“生态城市”“花园城市”“山水城市”“绿色城市”作为奋斗目标和发展模式，这是明智之举，更是现实选择。

本章小结

城市化、城镇化发展过程成为当前对生态环境、人居环境影响最剧烈的活动，在经历了三百年的高速工业文明发展阶段后，全球面临着气候变化和资源环境的巨大压力，严重威胁着人类生存。城市化进程中面临着高耗能发展模式难持续、城市自然生态系统危机、城市发展社会矛盾加剧、城市文化发展的缺失、城市空间无序开发等困境。在当前人与自然、资源环境与经济发展矛盾日益突出形势下，建设一个环境优美、低碳节约及人与自然和谐发展的生态城市已成为众多城市的发展目的。建设生态城市成为解决传统城市面临困境的发展模式，是实现低碳发展和可持续发展的必经之路。此外，生态城市建设为城市发展带来新的机遇，激发城市后发优势，成为转变发展方式、践行科学发展观的重要举措。

第二章　生态城市基础理论与实践

第一节　生态城市的内涵

一、生态城市的概念

“生态”一词源于古希腊文字，意思是指家或者我们的环境，简单地说，生态主要是指主体与周边整体环境的共生关系。“生态”的广义解释为包括自然生态、社会生态、经济生态等多个方面的整体生态，即生态系统。该系统是一个开放、复杂的巨大的系统，它包括了内部各个子系统之间的关系、空间上的内外关系、时间上的“过去—现在—未来”的关系，在研究生态系统时必须采用“系统方法”。

“生态城市”的基本理念包括田园城市理论、芝加哥古典生态学理论和有机疏散理论等。“生态城市”这一概念是在 1971 年联合国教科文组织发起的《人与生物圈计划》中提出，一经提出就受到全球的关注，近几十年来，不同的学者分别从不同的角度对其进行了定义，具体见表 2 - 1 。

表 2 - 1　不同学者对生态城市的阐述

学者	提出时间	概念内容
O. Yanitsky	1987	生态城市是一种理想模式，其中技术和自然充分融合，人的创造力和生产力得到最大限度的发挥，而居民的身心健康和环境质量得到最大限度保护，是按生态学原理建立起来的一个社会、经济、自然协调发展，物质、能量、信息高效利用，生态良性循环的人类聚居地
唐顿	1992	生态城市包括了伦理道德等一系列计划并远远超出了“可持续性”这一概念，其实现的是人类和自然之间的平衡
黄光宇	1997	生态城市是根据生态原理，综合多个生态系统，应用现代科学与技术手段而建设的一个可持续发展、人类满意、经济高效、生态良性循环的人类居住区①

① 黄光宇，陈勇. 生态城市概念及其规划设计方法研究[J]，规划研究，1997(6)：17 - 20.

表 2-1(续)

学者	提出时间	概念内容
黄肇义	2001	生态城市是全球区域生态系统中分享其公平承载能力份额的可持续子系统，它是基于生态学原理建立的自然和谐、社会公平和经济高效的复合系统，更是具有自身人文特色的自然与人工协调、人与人之间和谐的人居环境①
王发曾	2008	生态城市是以现代生态学的科学理论为指导，以生态系统的科学调控为手段建立起来的一种能够促使城市人口、资源、环境和谐共处，社会、经济、自然协调发展，物质、能量、信息高效利用的城镇型人类聚落地②
金国平	2008	人类活动符合自然客观规律，追求环境、资源与社会经济协调、可持续发展，物质、能量和信息高效利用，生态良好循环的理想人居环境，其核心是要用可持续发展理论、生态学原理和系统工程方法来规划建设和管理城市，目标是建设“人与自然高度和谐”的环境友好型社会③
沈清基	2012	生态城市是一个经济发展、社会进步、生态保护三者保持高度和谐、技术和自然达到充分融合及城乡环境清洁、优美、舒适，从而能最大限度地发挥人类的创造力、生产力，并促使城镇文明程度不断提高的稳定、协调与永续发展的自然和人工环境复合系统④
当前主流思想	现在	生态城市是一个经济高度发达、社会繁荣昌盛、人民安居乐业、生态良性循环四者保持高度和谐，城市环境及人居环境清洁、优美、舒适、安全，失业率低、社会保障体系完善，高新技术占主导地位，技术与自然达到充分融合，最大限度地发挥人的创造力和生产力，有利于提高城市文明程度的稳定、协调、持续发展的人工复合生态系统。

生态城市的理念反映了人们对传统城市发展模式的一种反思。从城市结构与功能协调发展的形态看，生态城市是结构合理、功能高效、关系协调的理想人居环境。从城市可持续发展的要求看，生态城市是在可持续发展理论的指导下，实现社

① 黄肇义，杨东援. 国内外生态城市理论研究综述[J]，城市规划，2001，25(1)：59-66.

② 王发曾. 洛阳市双重空间尺度的生态城市建设[J]. 人文地理，2008(3)：49-53.

③ 金国平，朱坦，林妍. 生态城市建设中的产业生态化研究[J]. 环境保护，2008(2)：12-14.

④ 沈清基，安超，刘昌寿. 低碳生态城市理论与实践[M]. 北京：中国城市出版社，2012.

会、经济永续协调发展的城市。从城市生态系统复合推进的实践看,生态城市是由自然、经济和社会三个子系统构成的复合生态系统,缺一不可。从建设生态文明的新要求看,生态城市是"自然－人－社会"复合生态系统和谐协调、共生共荣、共同发展的城市发展模式,关键是形成节约能源、资源和环境保护的产业结构,促进发展方式的转变,形成科学的消费模式。从总体来看,生态城市的基本内涵有三个支撑点:

1. 空间结构上突出城市与区域的结合

从生态系统理论看,城市不是一个封闭的系统,它与周边区域是紧密联系的开放系统,是一个有机整体,有着广泛的物质、能量和信息交流,不仅能保证城市功能的正常运行,还可以使城市的经济活动、社会活动以及文化活动相互促进。从经济发展规律看,城市与区域是唇齿相依的关系,城市的发展会带动和辐射区域经济发展,区域的发展是城市发展赖以生存的基础,能够为城市提供广泛的市场需求和公共产品服务,还能够极大地转移和消化城市对人口、资源的承载能力。从社会动态发展看,解决贫困问题、转移富余劳动力和扩大就业必须结合区域才能得到有效解决。从生态环境保护看,净化城市自身的废弃物必须依靠区域生态系统的能源、物质以及净化能力。因此,城市自我封闭,与区域发展脱节,就不可能系统地建设好生态城市。

2. 动态发展上强调历史与现实环境的结合

历史环境保护与生态环境保护是互为基础、相互促进的关系。生态城市体现的是以人为本的基本理念,它包含对历史的保护与尊重。生态城市建设不能以牺牲历史环境为代价,应在保持原有历史特点的基础上对城市的发展建设进行继承、创新,通过多种理念和文化功能的设计建设进一步赋予城市发展新的生命。同时,建设良好的生态环境也有利于历史环境保护,它能够衬托历史环境、历史文化和城市内涵,通过历史与现实的有机结合,更能够突出生态城市建设的视觉主体地位和城市文化的内涵特征,使城市发展在视觉、居住、功能上互为一体。

3. 功能作用上做到经济、社会与自然的高度统一

在这一点上主要体现在三个方面。

(1)生态安全。生态城市的生态安全应该包括自然子系统、经济子系统和社会关系三个方面的安全,其中自然子系统的生态安全包括环境容量是否溢出、战略性资源承载力是否超载、重大生态灾害是否得到防范等;经济子系统安全包括生产、流通、消费、还原和调控功能等方面的安全;社会关系安全包括个体和群体的生理、心理等方面的安全以及社会关系健康的人口生态安全。

(2)经济高效。生态城市建设必须以良好的经济环境为支撑,三大产业按比例协调发展,实现数量与质量兼顾的高效经济。

(3)社会和谐。生态城市的社会服务设施应该能满足居民的物质需要和精神需求,还应具有健全的社会保障体系。

二、生态城市的特点

自生态城市概念提出以来,不少学者对其特点进行了研究,黄光宇等认为生态城市的特征①包括以下几个方面:和谐型、高效性、整体性、多样性、全球性。李育冬(2006)认为②,生态城市的特征包括:高效性、零污染、和谐型、物质循环性、区域性。李秉荣(2005)从复合词汇的角度,对生态城市的特征进行了概括③:整体性和复合性、和谐型和耦动性、高效性和内源性、可持续性和协调性、均衡性和安全性;区域性和开放性。根据已有学者的研究成果,综合考虑生态城市的基本内涵和标准来看,生态城市具有和谐性、系统性、持续性、高效性、多样性、区域性和结构合理、关系协调八个特点④:

1. 和谐型

生态城市要求"自然－人－社会"复合体的和谐发展,这是生态城市的价值取向。生态城市的和谐性不仅体现在人与自然的关系上,更体现在人与人、人与社会的关系上。它在兼顾社会、经济和环境三者整体效益的基础上追求环境优美或经济繁荣,力求营造满足自然、人和社会发展的富有生机和活力的城市居住地。生态城市不仅是一个用自然绿色点缀的人居环境,而且是关心人、陶冶人的"爱的器官",文化是生态城市重要的功能,文化个性和文化魅力是生态城市的灵魂,这种和谐是生态城市的核心内容。

2. 系统性

生态城市是由自然、经济和社会三个子系统构成的复合生态系统,是一个整体,缺一不可。生态城市不是单单追求环境优美,或自身繁荣,而是兼顾社会、经济和环境三者的效益,不仅仅重视经济发展与生态环境协调,更重视对人类生活质量的提高,是在整体协调的新秩序下寻求发展。

3. 持续性

可持续发展是生态城市建设的长期目标和基本要求,建立生态竞争机制,促进循环利用,建立科学的调节系统,以适应生态城市的发展目标,进一步改善生态城

---

① 黄光宇,陈勇. 生态城市理论与规划设计方法[M]. 北京:科学出版社,2002.

② 李育冬,基于循环经济的生态型城市发展理论与应用研究——以库尔勒生态城市建设为例[D]. 乌鲁木齐:新疆大学,2006.

③ 李秉荣,包头生态城市建设研究[D]. 呼和浩特:内蒙古农业大学,2005.

④ 沈清基,安超,刘昌寿. 低碳生态城市的内涵、特征及规划建设的基本原理探讨[J]、城市规划学刊,2010(5):48－57.

市的发展环境和人居环境，是生态城市可持续发展的基本内容。因此，生态城市建设应兼顾不同时间、空间，合理配置资源，公平地满足当代与后代在发展和环境方面的需要，保证城市发展的健康、持续和协调。

4. 高效性

生态城市一改现代工业城市“高能耗”“非循环”的运行机制，提高一切资源的利用率，物尽其用，地尽其利，人尽其才，各施其能，各得其所，优化配置，物质、能量得到多层次分级利用，物流畅通有序，住处快速便捷，废弃物循环再生，各行业各部门之间通过共生关系进行协调。

5. 多样性

生态城市强调人与自然、建筑环境与自然环境、经济社会发展与自然环境保护之间的和谐共生、高效有序，是其功能重构的核心内容。它强调功能的多样性，不仅包括生物多样性，还包括文化多样性、景观多样性、产业多样性等。生态城市的多样性是每个生态城市区别于其他生态城市的重要因素之一，生态城市的发展受自然区位、地理区位、文化底蕴等因素的影响，生态城市的景观特色也呈现多样化的格局，而且生态城市的发展目标及建设模式也因为影响因素的多样性特征而存在较大的差别。

6. 区域性

生态城市作为城乡的统一体，其本身即为一个区域概念，是建立在区域平衡上的，而且城市之间是互相联系、相互制约的，只有平衡协调的区域，才有平衡协调的生态城市。生态城市是以人与自然的和谐为价值取向的，就广义而言，要实现这目标，全球必须加强合作，共享技术与资源，形成互惠的网络系统，建立全球生态平衡。

7. 结构合理

一个符合生态规律的生态城市应该具备合理的结构，包括合理的土地利用，良好的生态环境，充足的绿地系统，完整的基础设施，有效的自然保护。

8. 关系协调

关系协调是指人与自然协调，城乡协调，资源利用和资源更新协调，环境胁迫和环境承载能力协调。

三、生态城市标准

生态城市的创建标准，要从社会生态、自然生态、经济生态三个方面来确定。社会生态的原则是以人为本，满足人的各种物质和精神方面的需求，创造自由、平等、公正、稳定的社会环境；经济生态的原则是保护和合理利用一切自然资源和能源，提高资源的再生率和利用率，实现资源的高效利用，采用可持续生产、消费、交通、居住区发展模式;自然生态的原则是优先考虑自然生态,并最大限度地予以保护,使开发建设活动一方面保持在自然环境所允许的承载能力内,另一方面,减少对自然环境的消极影响,增强其健康性。生态城市应满足以下八项标准。

1. 广泛应用生态学原理规划建设城市,城市结构合理、功能协调[①]

建设生态城市首先应确定城市人口承载力。在实施大中城市发展带动战略中,紧紧抓住城市综合交通、土地利用、生态环境三个关键环节,以路网规划建设引领城市发展,按照"拉开建设、优化布局、新区先行、带动老区"的建设思路和时序,加快城市建设,合理扩大城市规模,提高城市人口承载能力。

做好城市的生态设计,合理确定城镇布局和建设规模,建设生态宜居城市。从生态环境基底条件和容量出发,确定主体功能区,分类制定区域和城市的基本发展原则,明确主体功能区规划下的城市发展导向;树立城市建设的精品意识,从注重规模扩张向提升城市功能转变,强化公共服务功能,完善城市公用设施,增强城市综合承载能力;创新城市管理方式,推行人性化、精细化、信息化管理,提高城市的运行效率和安全保障能力;科学规划、合理布局城市功能,做好城市土地利用的生态规划;合理设计城市空间结构,保持青山绿水的自然山水特色,根据城市的土地和水等基本资源分布特征,确定城市各区块合理的人口环境容量;合理控制城市人口规模,降低城区人口密度,提高人口素质。

2. 保护并高效利用一切自然资源与能源,产业结构合理,实现清洁生产

城市耗能是我国能源消耗的主体,也是造成大气污染、温室气体排放的罪魁祸首。要改变城市原有的能源结构和利用方式,尽快实现城区无原煤直接燃烧,推广天然气、太阳能、电力等清洁能源,实现城市能源清洁化、低碳化。从煤炭开采、洗选及分类供应,到采用清洁燃烧技术,都要系统考虑、整体推进;包括供电、供热、供气在内的城市能源系统要与城市功能布局、产业结构、交通系统等统筹考虑;通过建设智能电网,为发展分布式能源系统和电动交通系统提供便利;把各行各业节能放到重要位置;注意发展热泵技术,开发地热、风能、余热利用和储能技术等。

在建筑物的规划、设计、建设、改造和使用过程中,严格执行节能标准,采用节能技术、设备和材料,提高保温隔热性能和供热、制冷效率;对新建筑节能给以政策优惠,对老建筑节能改造给予补贴;此外,完善供热、供水、供电的分户计量,利用经济手段鼓励节能节水。

3. 采用可持续的消费发展模式,物质、能量循环利用率高

运用生态技术改造和重组经济结构,把工农业生产对自然资源的消耗和对环

① 李波,贵州省生态文明城市建设发展态势思考[J]. 贵州大学学报,2011(3):132-138.

境的影响置于生态系统中的物质与能量的总交换过程,实现生态系统的总供给能力和人类总需求的平衡,保证生态系统的良性循环,从而建立起资源节约、环境良好的国民经济可持续发展体系。

提高资源合理利用效率,加快资源开发及再生利用的研究和推广,在城市区域内建立高效和谐的物流、能源供应网,实现物流的“闭路再循环”,重新确定“废物”的价值,减少污染产生;开发和推广、替代、循环利用和治理污染的先进适用技术,发展清洁能源和可再生能源,保护土地和水资源,建设科学合理的能源资源利用体系,提高能源资源利用效率,发展环保产业。

4. 有完善的社会设施和基础设施,生活质量高

城市基础设施状况是城市发展水平和文明程度的重要体现,是城市环境保护和经济社会协调发展的物质条件。城市基础设施除了传统的交通、能源、饮水、通信等方面外,还包括环境保护、生态服务、减灾防灾、信息网络等新的领域。当前,城市基础设施建设特别是与环境相关的基础设施建设滞后是影响生态城市建设的关键因素。城市各项基础设施系统之间是相互关联、相互影响的,必须整体规划与设计,并适度超前,避免建设的滞后性和盲目性。几乎所有的基础设施系统都与环境相关,生态城市建设规划要保证这些基础设施各系统之间的协调性以及对生态环境的支撑作用。

要加快环境基础设施建设。达标的、适应需要的污水和垃圾收集及处理系统是生态城市建设最基本的要求,但过去长期得不到重视,远远落后于城市发展和其他基础设施建设进度。近年来虽然有了巨大进步,但整体水平较低,应按集中与分散相结合的原则加快污水处理厂建设,并抓好配套管网建设。污水处理厂选址和管网建设时要统筹考虑中水回用问题。要发展分类、密闭、压缩、资源化的生活垃圾收运系统,加强再生资源回收、综合利用和危险废物安全处置。

5. 人工环境与自然环境有机结合,环境质量高

加强生态城市建设,坚持将自然景观、人文景观、历史风貌融为一体,坚持人与自然高度和谐、经济社会全面协调的可持续发展道路,使城市成为最适宜市民及客商生活创业的理想生态家园。建设城市生态防护圈和生态走廊,营造良好的生态防护体系;合理开发利用水资源,保护森林、湿地等特殊资源,保持生态景观的多样性;完善城市绿地系统,建设生态公益林,大面积引绿进城,建设森林中的城市和城市里的森林;建设沿河沿路的生态绿化走廊、路网生态防护林带和居住区绿色主题公园,提高建成区绿地率,保护基本农田,营造城市的生态绿肺、生态脉络、生态走廊和生态保护圈,不断优化城市人居环境。

6. 保护和继承文化遗产，尊重居民的各种文化和生活特性①

在建立生态城市时，应当充分发掘、保护和弘扬具有城市特色的历史文化精髓，融合现代文明，营造浓厚、亲和的城市人文氛围。在发展定位上将生态学的理念运用到规划中，理性地控制发展，尊重环境，尊重生态自然，保证城市自然的多样性和城市生物的多样性，保持城市原有的地形、地貌等自然要素。把城镇建筑的民族传统、地方特色和时代特征有机结合起来，依托各地产业和自然、历史、文化等条件进行规划，塑造个性化的形象和品牌，防止“千城一面”。

7. 居民的身心健康，有自觉的生态意识和环境道德观念

建设生态城市，关键在于人，在于人们的思想意识。因此，首先要广泛开展保护生态环境宣传教育，普及环境科学知识，倡导生态文明，营造全社会关心、支持、参与生态城市建设的舆论氛围。其次，要大力倡导绿色生活理念，引领健康生活方式。目前国际上倡导的绿色生活方式要求遵循“5R”原则（“Reduce”节约资源，减少污染；“Reevaluate”绿色消费，环保选购；“Reuse”重复使用，多次利用；“Recycle”分类回收，循环再生；“Rescue”保护自然，万物共存）。目前我国现代化建设正处于快速城镇化发展时期，并且伴随着农业转型和工业化进程，面临着国际金融危机和全球气候变化的压力，问题复杂严峻。建设生态城市、走生态文明之路是我国城市科学发展的正确选择。

8. 建立完善的、动态的生态调控管理与决策系统

健全和完善供水、供气、城市公交、城市防洪、建筑业等各种突发事件应急处理机制，加强应急演练，将突发的自然和人为公共事件损失降到最低；健全完善城建投诉服务热线工作机制，搭建市民与部门沟通的平台，最快捷地解决市民的合理诉求。

第二节　相关概念介绍

在生态城市提出的早期和同期也出现了其他相似的城市模式建设，相对比较主流的模式有低碳城市、森林城市、可持续发展城市、健康城市、园林城市等。这些城市发展模式与生态城市在理念和建设角度上略有不同。

1. 低碳城市②

2008 年初，中国建设部与 WWF（世界自然基金会）在中国大陆以上海和保定

① 俞卫忠，陈建. 生态文明：城市生态建设的新高度[J]. 污染防治技术，2012(2)：61 – 64.

② 沈清基，安超，刘昌寿. 低碳生态城市的内涵、特征及规划建设的基本原理探讨[J]. 城市规划学刊，2010(5)：48 – 57.

两市为试点联合推出“低碳城市”,“低碳城市”迅速“蹿红”,成为中国大陆城市自“花园城市”“人文城市”“魅力城市”“最具竞争力城市”等之后的最热目标,该目标将具有长期的特性。

低碳城市指以低碳经济为发展模式和方向,市民以低碳生活为理念和行为特征,政府公务管理层以低碳社会为建设标本和蓝图的城市。低碳城市目前已成为世界各地的共同追求,很多国际大都市以建设发展低碳城市为荣,关注和重视在经济发展过程中的代价最小化以及人与自然和谐相处、人性的舒缓包容。低碳城市是在经济高速发展的前提下,城市能够将能源消耗和二氧化碳排放量保持在低水平。低碳城市的内容包括:在城市化进程中以低排放、高能效、高效率为特征来进行低碳城市的规划设计与建设;通过产业结构调整和发展模式转变,使低碳经济最低限度地影响经济增长,平衡经济增长,增加就业机会;制订生态城市建设战略规划,推动地方政府、金融企业通过政策激励和融资支持,驱动技术创新和资本流动,在城市中推广节能减排的低碳技术。

2. 森林城市

我国城市森林建设起步于20世纪80年代末期,在有关部门和科研人员的大力推动下,城市森林建设在各地蓬勃兴起。

森林城市是一个环保概念,指城市生态系统以森林植被为主体,城市森林覆盖率和人均公共绿地达到一定标准的城市。创建森林城市,增加城市森林面积,是改善城市环境的重要措施。森林城市突出以高大乔木及灌木为城市森林生态系统主体,特别是在城市的近郊、远郊部位建有大面积高标准林带、林网以及植物园、森林公园等,构成以林木为主体,总量适宜、分布合理、功能完善、生物多样、景观优美的城市生态网络体系,实现城区、近郊、远郊协调配置的绿色生态圈,形成河流及道路宽带林网,森林公园、城区公园及园林绿地相结合的城市森林体系。

3. 可持续发展城市

可持续发展战略最早的提出时间是在20世纪80年代初期。城市可持续发展,又称城市持续发展,是指在一定的时空尺度上,以长期持续的城市增长及其结构优化,实现高度发达的城市化与现代化,从而既满足于当代城市发展的现实需要,又满足未来城市的发展需要,城市的可持续发展既包括经济的可持续发展,又包括文明的可持续发展和生态环境的可持续发展,其核心是没有任何污染。

4. 健康城市

建设健康城市,是在20世纪80年代面对城市化问题给人类健康带来挑战而倡导的一项全球性行动战略。1994年,WHO提出健康城市的概念为:健康城市是一个不断创造和改善自然环境、社会环境,并不断扩大社区资源,使人们在享受生命和充分发挥潜能方面能够相互支持的城市。

5. 园林城市

园林城市,是根据中华人民共和国住房和城乡建设部《国家园林城市标准》评选出的分布均衡、结构合理、功能完善、景观优美,人居生态环境清新舒适、安全宜人的城市。

园林城市建设一般主要在城市城区或延及城乡接合部的近郊,以大面积乔、灌、花、草植被构成园林小区,形成一道道风景亮丽、美不胜收的园林景观。

上述的不同的城市发展模式是在当前环境污染、资源短缺的大背景下提出的,各个模式均从不同的角度出发,提出了各自建设的理念,在秉承发展大方向一致的情况下,各模式的理念主要有以下区别:①

表 2-2 生态城市各种模式比较

生态城市与相关概念城市	联系	区别	
		生态城市	相关概念的城市
生态城市与可持续发展城市	可持续发展是生态城市的一个明显标志	自然环境(包括生物)内化于城市;面向人—自然的二元整合与均衡发展;强化城市系统内的有机联系	自然环境外化于城市,作为城市的支持服务系统存在;面向人类自身的发展;缺乏对城市内部有机联系的关注
生态城市与森林城市	健全的绿地系统是生态城市存在的基本条件和客观保证	绿地系统只是生态城市自然系统中的组成部分之一,生态城市还强调社会人文和经济生态的和谐与健康	自然保护主义提出的绿色城市,通过简单地增加绿色空间,单纯追求优美的自然环境
生态城市与园林城市	"园林城市"理论被认为是现代生态城市思想的起源	生态城市强调内部联系的结构合理、功能高效和关系协调	园林城市过分地强调城市的田园性质,而违背了城市发展的聚集要求
生态城市与健康城市	都把城市视为一个有机生命体,健康是生态城市的特征之一	生态城市从生态系统的角度来考察城市,强调的是人-自然系统整体的健康	从现代医学角度提出"健康城市",从生命个体与环境的关系来看待城市,强调城市居民生理上的健康
生态城市和低碳城市	低碳城市是生态城市的一个基本要求	生态城市强调生态圈和谐发展,包括资源消耗和废物排放	强调在保持经济正常发展的同时,碳排放达到最低水平

① 赵清,张珞平,陈宗团. 生态城市理论研究述评[J]. 生态环境,2007(5):155-159.

第三节　国内外生态城市理论研究现状[①]

1898 年，英国学者霍华德（Ebenezer Howard）出版了《明日：一条通往真正改革的和平道路》（1902 年修订本改名为《明日的田园城市》）一书，是城市发展理论研究的一个重要里程碑。1919 年，霍华德给田园城市下了一个简短的定义："田园城市是为安排健康的生活和工作而设计的城镇；其规模要有可能满足各种社会生活，但不能太大；被乡村带包围；全部土地归公共所有或者托为社区代管。"他认为田园城市拥有优美的自然环境、丰富的社交机遇，有企业发展的空间和资本流，有洁净的空气和水，有自由之气氛，具合作之氛围，无烟尘之骚扰，无棚户之困境，兼具城乡之美，而无城市之通病，亦无乡村之缺憾。霍华德的这一设想曾于 1903 年和 1920 年在伦敦附近的莱切沃思（Letchworth）和韦林（Welwyn）两个城市实施，但是并不成功，遭到了人们的批判。可他针对现代社会出现的城市问题，提出了带有先驱性的规划思想，把城市与乡村结合起来，作为一个体系研究和规划；对城市规模、布局结构等城市规划问题，提出独创性的见解，是一个比较完整的城市规划思想体系。这一理论对现代城市规划思想起了重要的启蒙作用，也是"生态城市"最重要的思想渊源之一。

第二次世界大战以后，城市生态研究和城市生态学迅速发展，许多有影响的城市生态学著作先后问世，如 1952 年帕克的《城市和人类生态学》，1958 年赖特的《活着的城市》，1977 年贝利的《当代城市生态学》等。特别是《寂静的春天》（R. Carson，1962）、《增长的极限》（Meadows，1972）等警世作品的问世，极大地促进了城市生态学的研究，城市生态学进入了一个大规模的迅速发展阶段。同期，以意大利的索莱利为代表的建筑师提出了"仿生城市"的概念，是要以植物生态形象模拟城市的规划结构，把城市的各种组成要素如居住区、商业区、无害工业企业、街道广场、公园绿地等里里外外、层层叠叠地密置于大树状的巨型结构之中。他所设想的城市一般是以人或其他生物体为模式的，具有许多生物体的特征。从建筑学角度来讲，"仿生城市"主要是一个技术性的建筑设计概念，但他所创立的"建筑生态学"及麦克哈格出版的《设计结合自然》一书等，为城市生态学开辟了一条技术线路，同时也为"生态城市"的提出奠定了基础。"生态城市"最早是在 1971 年联合国教科文组织发起的"人与生物圈（MAB）"计划中提出。该概念一提出，就受到各界的广泛关注，理念迅速发展，成为一种城市发展的新概念。它的内涵随着社会和

① 原华君，司马慧. 生态城市的概念与发展回顾[J]，国土与自然资源研究，2005(3)：17 – 19.

科技的发展,不断得到充实和完善。生态城市不仅反映了人类谋求自身发展的意愿,也反映了人类对人与自然关系认识的提高。

1981 年,苏联城市生态学家亚尼茨基(O. Yanitsky)首次提出生态城市的概念。他认为生态城市是一种理想城市模式,其中技术与自然充分融合,人的创造力和生产力得到最大限度的发挥,居民的身心健康和环境质量得到最大限度的保护。因此这一概念也被称为"生态城市理想说"。但由于这一城市发展模式过于理想化,因此当时并未引起很大反响。但这一概念及其在 1984 年提出的生态城市规划五原则和主要内容,都为后续的研究奠定了理论基础。美国生态学家雷吉斯特(Richard Register)在 1987 年著的《生态城市伯克利》一书中曾对生态城市提出一个概括的定义:生态城市追求人类和自然的健康与活力。他认为生态城市即生态健康的城市,是紧凑、充满活力、节能并与自然和谐共存的聚居地。这种观点的可操作性和现实性很强,但是主要着重于环境,因此也存在一定局限性。此外,澳大利亚城市生态协会、欧盟和第一、二、三届国际生态城市会议等组织也分别对生态城市的概念、发展原则、建设计划以及城市土地的持续利用、城市持续发展等进行研究,并发表相关专著和报告。生态城市的研究得到蓬勃发展,生态城市的理论和实践不断得到丰富。目前,印度的班加罗尔、巴西的库里蒂巴和桑托斯市、澳大利亚的怀阿拉市、新西兰的怀塔克尔市、丹麦的哥本哈根市、美国的伯克利、克利夫兰和波特兰都从事生态城市的规划实践。

国内对城市生态学的研究起步较晚,但发展较快。1984 年在上海举行了"首届全国城市生态学研讨会",标志着中国城市生态学研究的正式开始。1986 年,我国江西省宜春市提出了建设生态城市的发展目标,并于 1988 年初开始生态试点工作,迈出了我国生态城市建设的第一步。1990 年,著名科学家钱学森先生提出"山水城市"设想,起初只是强调城市中要有自然山水,直到 1993 年,才形成了比较全面的概念。"山水城市"的设想重点在于城市绿化与建设,而未涉及社会、经济等方面;1989 年,黄光宇教授提出乐山绿心环型生态城市空间结构,发表了《论城市生态化与生态城市》一文,他认为生态城市是根据生态学原理,综合研究城市生态系统中人与"住所"的关系,并应用生态工程、环境工程、系统工程等现代科学与技术手段协调现代城市经济系统与生物的关系,保护与合理利用一切自然资源与能源,提高资源的再生和综合利用水平,提高人类对城市生态系统的自我调节、修复、维持和发展的能力,使人、自然、环境融为一体,互惠共生。这一概念主要侧重于在城市规划中体现生态城市的要求,将人与自然融合在一起,但忽视了人与人之间的关系,社会公平也没有体现;此外生态学专家马世骏、王如松在 20 世纪 80 年代明确提出城市是典型的"社会—经济—自然"复合生态系统和建设"天人合一"的中国生态城思想,并发表了《社会—经济—自然复合生态系统》的文章。其他专家学者也分别就生态思维、生态系统理论与方法在城市规划中的应用以及城市生态功能区的评价划分、规划建设，生态城市的指标体系与评价方法，河流、山地、农田等自然条件与城市生态规划等方面进行研究，并取得一系列成果。

黄肇义、杨东援等在对国内外生态城市理论进行了深入研究之后，提出了一个较为完善的生态城市定义："生态城市是全球或区域生态系统中分享其公平承载能力份额的可持续子系统，它是基于生态学原理建立的自然和谐、社会公平和经济高效的复合系统，更是具有自身人文特色的自然与人工协调、人与人之间和谐的理想人居环境。"这一概念强调了人与人的和谐关系，体现了公平原则，但没体现出人与自然的关系。此外，作为一种城市发展的新概念，生态城市理论随着人类文明的不断发展，对人与自然关系的认识不断深入升华。生态城市不仅反映了人类谋求自身发展的意愿，最重要的是，它体现了人类对人与自然关系的认识。生态城市已超越了保护环境即城市建设与环境保持协调的层次，它融合了社会、文化、历史、经济等因素，向更加全面的方向发展，体现的是一种广义的生态观。近几年来，我国东西部地区都在为建立具有经济竞争力的现代化城市创造条件，已经开始探索以改善生态环境为中心的城市规划和设计创新的尝试。北京、天津、广州、青岛、贵阳等城市，已按照"山水城市""生态城市"等模式和目标，开始调整城市的总体规划和布局，为生态城市的发展研究提供了实证。

第四节　国内外生态城市建设的基本状况

一、国外生态城市建设状况

1. 国外生态城市建设的典型例子

从20世纪70年代生态城市的概念提出至今，世界各国对生态城市的理论进行了不断的探索，并在实践方面作出了持续的努力。目前，美国、巴西、丹麦、德国、瑞典、澳大利亚等国家都已成功地进行了生态城市建设。

(1)美国

美国生态学家理查德·雷吉斯特于1975年创建了"城市生态学研究会"，随后他领导该组织在美国西海岸的滨海城市伯克利开展了一系列卓有成效的生态城市建设实践，经过20多年的努力，将伯克利建成了一座典型的亦城亦乡的生态城市，其理念和做法在全球产生了广泛的影响。在理查德·雷吉斯特的影响下，美国政府非常重视发展生态农业和建设生态工业园，有力地促进了城市可持续发展。理查德·雷吉斯特领导建设的伯克利也因此被认为是全球生态城市建设的样板。

(2)巴西

位于巴西南部的库里蒂巴被认为是世界上最接近生态城市的城市。该市制订的可持续发展的城市规划受到全世界的赞誉,尤其是公共交通发展受到国际公共交通联合会的推崇,世界银行和世界卫生组织都给予了库里蒂巴极高的评价。该市的废物回收和循环使用措施以及能源节约措施也分别得到联合国环境署和国际节约能源机构的嘉奖。1990 年,库里蒂巴被联合国命名为"巴西生态之都""城市生态规划样板"。库里蒂巴的城市开发规划有着独特的做法:沿着 5 条交通轴进行高密度线状开发,改造内城;以人为本而不是以小汽车为本,确定优先发展的内容;增加公园面积,改进公共交通。库里蒂巴鼓励混合土地利用开发的方式,总体规划以城市公交路线所在道路为中心,对所有的土地利用开发进行了分区。在社会公益方面,库里蒂巴新建图书馆系统,帮助无家可归的人,提供各种实用技能的培训,加强公园和绿地建设项目,改善环境并保护文化遗产,实施垃圾回收项目。在公众环境教育方面,库里蒂巴在学校就开始对儿童进行与环境有关的教育,并在免费环境大学对一般市民提供环境教育。

(3)德国

德国的埃尔兰根是一个只有 10 万人口的小城市,从 20 世纪 70 年代起,就开始了生态城市建设,在城市发展决策中,同时考虑环境、经济和社会三方面的需求和效益。埃尔兰根的主要做法包括:在景观规划的基础上制定可持续发展总体规划,高度重视重要生态功能区的保护,在城区内及周边地区建设更多的绿地和绿带,在城市区划规划中充分尊重生态限制,确保经济和社会在生态承载力范围内快速发展,广泛开展节能、节水活动,采用多种措施防治水、气、土壤污染,实行步行、公交优先的交通政策,确保行人、自行车与汽车享有同等权利。

(4)丹麦

丹麦的哥本哈根将生态城市建设当成一个内容十分丰富的综合性项目,重点推行了绿色账户,并设立生态市场交易日。绿色账户记录了一个城市、一个学校或一个家庭日常活动的资源消费,提供了有关环境保护的背景知识,有利于市民提高环境意识。作为改善地方环境的一项创意活动,从 1997 年 8 月开始的每个星期六,哥本哈根的商贩们都会携带生态产品在城区中心广场进行交易,这一活动鼓励了生态食品的生产和销售,同时也让公众了解到生态城市项目的其他内容。

(5)澳大利亚

澳大利亚的怀阿拉生态城市项目开始于 1997 年,充分融合了可持续发展的各种技术,其战略要求包括:设计并实施综合的水资源循环利用计划,在城市开发政策上实行强制的控制,对新建住宅和主要的城市更新项目要求安装太阳能热水器,并在设计上改进能源效率,对安装太阳能热水器的给予财政刺激措施,形成一体化的循环网络和线状公园,建立能源替代研究中心。

(6)瑞典

瑞典第三大城市马尔默是一个传统的工业和贸易城市。1996年,马尔默参与举办了一次欧洲建筑博览会,以地区规划、建筑、社区管理等方式进行持续发展的超前尝试,促使城市发展转型。马尔默的生态城市建设项目被称为B001,也被称为“明日之城”,它于2001年获得欧盟的“推广可再生能源奖”。经过改造的马尔默西部滨海地区成为世界领先的可持续发展地区,朝着“生态可持续发展和未来福利社会”迈进了一大步。

(7)日本

日本的北九州市从20世纪70年代初开始了以减少垃圾、实现循环型社会为主要内容的生态城市建设。北九州市提出的“从某种产业产生的废弃物为别的产业所利用,地区整体的废弃物排放为零”的生态城市建设构想,包括了环境产业的建设、环境新技术的开发和社会综合开发三个方面的内容。为了提高市民的环保意识,北九州开展了各种层次的宣传活动:政府组织开展了汽车“无空转活动”,以各种宣传标志,减少和控制汽车尾气排放;家庭自发开展的“家庭记账本”活动,将家庭生活费用与二氧化硫的削减联系起来;全社会则是开展了以美化环境为主题的“清洁城市活动”等。千叶新城从规划开始就以建立生态型城市为主要目标,采取了生态原生态与网络化兼具的开发模式;大阪强调利用大量最新技术措施来达到生态城市建设的可能。

(8)新加坡

新加坡是世界著名的“花园城市”。为确保在城市化进程飞速发展的条件下,新加坡仍拥有绿色和清洁的环境,新加坡人强烈地追求人与自然的和谐共处的观念,倡导天人合一。新加坡城市规划中专门有一章“绿色和蓝色规划”,充分利用水体和绿地提高新加坡人的生活质量。在规划和建设中,特别提出了如下内容:建设更多的公园和开放空间,将各主要公园用绿色廊道相连,重视保护自然环境,充分利用海岸线并使岛内的水系适合休闲的需求。在这个蓬勃发展的城市,是植物创造了凉爽的环境,弱化了钢筋混凝土构架和玻璃幕墙僵硬的线条,增加了城市的色彩,新加坡城市建设的目标就是让人们在走出办公室、家或学校时,感到自己身处于一个花园式的城市之中。

2. 国外生态城市建设的趋势

目前国外生态城市开发趋势已经从传统的小城镇延伸到一些开发时间较长、城市空间较大、产业形态复杂的国际大都市。这些城市不仅包括发达国家的城市,也包括发展中国家的城市。纵观这些生态城市的建设过程,我们可以发现国外生态城市建设有以下几大趋势。

(1)发展紧凑型城市

紧凑型城市强调混合使用和密集开发的策略,使人们居住在更靠近工作地点和日常生活所必需的服务设施周围。其不仅包含着地理概念,更重要的是强调城市内在的紧密关系以及时间、空间概念。紧凑型城市的思想主要包括高密度居住、对汽车的低依赖、城乡边界和景观明显、混合土地利用、生活多样化、身份明晰、社会公正、日常生活的自我丰富等八个方面。在蒂姆西·比特利看来,紧缩的城市形态无疑是生态城市得以实现的良好基础。土地的集约化利用,不仅减少了资源的占用与浪费,还使土地功能的混合使用、城市活力的恢复以及公共交通政策的推行与社区中一些生态化措施的尝试得以实现。可以说,紧凑型城市开发模式的目标是为了实现城市的可持续发展。

(2)以公共交通为导向开发

国外的一些生态城市在实践中都采取了一些创造性的改革措施以解决城市中人们过度依赖机动车所带来的局限及环境问题。确保城市公共交通的优先权是公共交通导向的主要原则,基于此原则,快速公共交通和非机动交通得到大力发展,私人小汽车的使用率有所降低。以公交导向为城市开发规划模式的库里蒂巴市,城市化进程迅速,人口从 1950 年的 30 万增加到 1990 年的 210 万,但它在快速的城市化进程中却成功地避免了城市交通拥堵问题的产生。

(3)生态网络化得到重视

国外的生态城市,尤其是一些亚洲和欧洲的城市,所进行的城市生态环境改善的实践值得人们特别关注。德国的弗赖堡把环境保护与经济的协调发展视为整个城市和区域发展的根本基础,制订了可行的环境规划、城市规划、能源规划和气候保护规划。日本千叶市高度尊重原有自然地貌,在城市地区对湖泊、河流、山地森林等加以精心规划并与市民交流活动设施紧密结合,同时辅以相应的景观设计,形成了十几个大小不一、景观特色各异、均匀分布于城区的开放式公园。由于城市生态系统的网络化,生态系统与城市市民休闲娱乐空间规划得以紧密地结合起来。

(4)引入了社区驱动开发模式

生态城市的成功最终是要依靠社区居民来实现的。社区驱动开发模式与公众参与密切相关,强化了公众作为城市的生产者、建设者、消费者、保护者的重要作用。新西兰的维塔克在生态城市蓝图中阐明了市议会和地方社区为实现这一前景所需要采取的具体行动,明确了市议会对生态城市建设的责任、步骤和具体行动。

(5)大量采用绿色技术

国外的生态城市在开发过程中,将城市纳入生态系统中的主要组成部分加以考虑,高度重视城市的自然资源,可再生的绿色能源、生态化的建造技术同样在生态城市建设中得到了倡导。日本大阪利用了大量最新技术措施来达到生态住宅的理想目标,如太阳能外墙板、中水和雨水的处理再利用;设施、封闭式垃圾分类处理及热能转换设施等。西班牙马德里与德国柏林合作,重点研究、实践城市空间和建筑物表面用绿色植被覆盖,雨水就地渗入地下,同时还推广建筑节能技术材料,使用可循环材料等。这些举措改善了城市生态系统状况。

二、国内生态城市建设状况

中国生态城市建设的全面推进始于2003年,但有关生态城市的理论研究和城市生态环境治理的探索可以追溯到20世纪70年代。中国生态城市建设是伴随着经济的持续发展、工业化和城市化水平的不断提高带来的城市环境日益恶化和人口、资源与环境矛盾日益加剧而产生的,经历了认识逐步深化、解决具体生态环境问题到全面建设生态城市三个阶段。

第一阶段——认识深化与理论摸索阶段

在城市化过程中,城市发展与生态环境以及与人的发展之间的冲突日益凸显。第一,以城市为中心的人口聚集带来持续的资源消耗、环境污染、用地紧张、住房短缺、供水不足、基础设施滞后等问题;第二,交通拥堵以及由此带来的出行成本增加、交通安全、交通能耗与环境污染等问题;第三,城市化进程的发展对水资源、土地资源、生物资源、矿产与能源等的供给造成了巨大的压力;第四,城市化过程中出现的水环境污染、空气污浊、噪声污染、垃圾包围、温室效应、酸雨危害、毒物及有害废弃物扩散城市污染问题;第五,不恰当地规划和建设导致城市历史文化和地方特色的遗失等问题。

20世纪70年代以来,以城市可持续发展为目标,以现代生态学的理论和方法来研究城市,逐步形成了现代意义上的生态城市理论体系。联合国教科文组织在实施“人与生物圈”(MAB,Man And Bio)研究计划中提出了“生态城市”的概念,最早提出了从生态学的角度用综合的生态方法来研究城市问题以及城市生态系统的思路。把生态城市定义为“从自然生态和社会心理两方面去创造一种能充分融合技术与自然的人类活动的最优环境,诱发人的创造力和生产力,提供高水平的物质和生活方式”。这一概念的提出旨在建设一种人类理想的居住环境,体现了人类生态文明的觉醒。

中国当时的城市化水平还很低,城市化过程中的生态环境问题还未显现,但中国于1971年积极参与了联合国“人与生物圈”(MAB)研究计划,参加了该计划的国际协调理事会,并当选为理事国。1978年城市生态环境问题研究正式列入国家科技长远发展计划,许多学科开始从不同领域研究城市生态学,在理论方面进行了有益的探索。1978年建立了中国MAB研究委员会,1982年8月28日在第一次城市发展战略会议上提出了“重视城市问题,发展城市科学”的主张,并把北京和天津的城市生态系统研究列入1983—1985年的国家“六五”计划重点科技攻关项目。1984年12月在上海举行的“首届全国城市生态学研讨会”,可以看作中国城市生态学研究、城市规划和建设领域的一个里程碑。同年成立了中国生态学会城市生态专业委员会,为推进中国生态学研究的进一步开展和国际交流开创了广阔的前景。1986年,江西省宜春市提出了建设生态城市的发展目标,并于1988年初进行试点工作,这可以认为是我国生态城市建设的第一次具体实践。宜春市的城市规划与建设应用环境科学的知识、生态工程的方法、系统工程的手段、可持续发展的思想,在市域范围内调控自然、经济、社会的复合生态系统,宜春市的生态城市建设理念开启了我国生态城市建设的探索之旅。

第二阶段——城市生态环境整治阶段

中国生态城市建设的实践是从具体的城市生态环境问题整治入手的。1988年7月,国务院环境保护委员会发布《关于城市环境综合整治定量考核的决定》,指出当前我国城市的环境污染仍很严重,影响经济发展和人民生活。为了推动城市环境综合整治的深入发展,使城市环境保护工作逐步由定性管理转向定量管理,将城市环境的综合整治纳入城市政府的“重要职责”,实行市长负责制并作为政绩考核的重要内容,制定了包括大气环境保护、水环境保护、噪声控制、固体废弃物处置和绿化等五个方面在内共20项指标进行考核。可以说,城市环境综合整治考核是我国城市建设思想发生转变的开始,使我们开始认识到污染防治以及生态环境建设在城市发展过程中的重要作用。

为了提升城市生态环境保护水平,从单纯的环境问题整治提升到城市生态环境建设。“九五”期间,我国制定了《国家环境保护“九五”计划和2010年远景目标》,提出城市环境保护“要建成若干个经济快速发展、环境清洁优美、生态良性循环的示范城市,大多数城市的环境质量基本适应小康生活水平的要求”,国家环境保护总局于1997年决定创建国家环境保护模范城市。先后有30多个城市被命名为国家环境保护模范城市,为全面推进生态城市建设打下良好的基础。

第三阶段——生态城市建设全面推进阶段

当前许多城市开始了生态城市建设的探索和实践,我国各个城市根据自己所处的地理位置以及特色等提出了适合自己的生态城市发展模式。

1. 山水园林生态城市

山水园林生态城市要求城市建设不但要具备生态城市的特点和功能,还要有具有文化底蕴的园林,是园林与生态的有机结合体。山水园林生态城市具有自然生态和园林诗画的意境。还有一些城市提出建设“山水生态城市”或者“园林生态城市”,其本质与山水园林城市是相同的。广州市提出用20年的时间,把广州建成“园林置于城中,城置于园林中”,经济实力雄厚,文化底蕴深厚,社会发展进步,人民生活富裕,人与自然高度和谐,生态环境优美,兼备岭南自然景观与人文景观及山水特色的山水园林生态城市。

2. 森林型生态城市

森林型生态城市是指城市建设过程中重视森林建设,通过提高城市森林覆盖率来实现美化环境、净化空气的目的。高的森林覆盖率是森林生态城市最显著的特征。我国明确提出建设森林型生态城市的是郑州市。郑州市计划依托郑州市地貌和主要地表构筑物,从大中小三个层次构建森林生态景观带,营造森林保护圈层和网络。

3. 滨海型生态城市

滨海型生态城市模式是由具有特殊地理区位的城市,如滨海城市、港口城市提出的。这些城市在生态城市建设过程中提出注重海洋资源和海洋环境的保护,城市建设充分彰显“山、海、岛、城”于一体的滨海特色,同时大力发展海洋特色经济,增强海洋经济的支撑能力,并以此为龙头带动城市经济的发展。我国的烟台市、天津市都提出要建设滨海型生态城市。

4. 阳光型生态城市

阳光型生态城市是指城市建设充分体现阳光型生态产业、生态文化和生态景观的特征,提出建设阳光型生态城市的城市通常具有日光资源充足、生态环境良好的优势。我国山东省日照市在城市建设过程中提出要依托日照市良好的生态资产(阳光—大海—金沙滩)、交通运输条件和丰富的土地资源,在生态系统可承载的能力范围内,通过技术创新、体制改革、产业转型和能力建设,发展以光合资源产业、物资集散产业、阳光型休闲产业、阳光型能源产业和海洋资源产业为主导的富裕、健康、文明的阳光型生态城市。

5. 节水型生态城市

节水型生态城市主要是针对一些地区在城市化进程中出现的水资源匮乏、水质污染和灾害性天气带来的城市供水安全问题而提出的生态城市建设模式。节水型生态城市在城市的建设过程中主要是依靠提高城市污水回用率、进行海水淡化以及雨水利用等手段来缓解城市水资源匮乏的现状。厦门市是我国第一个提出建设节水型生态城市的城市。为了缓解水资源的匮乏现状,厦门市在城市建设过程中通过利用其临海的区位优势,加大海水利用力度,实施雨水利用,结合再生水回收利用与引水水源流域的污染防治等措施来构建城市立体供水安全保障体系,用以解决城市供水安全问题,从而保障经济的快速发展与社会安全。

6. 旅游生态城市

旅游生态城市是针对目前我国旅游专业化城市粗放型的发展现状提出的一种生态城市建设模式。与其他生态城市模式相比，旅游生态城市在城市建设过程中注重与城市旅游功能密切结合，如注重对旅游资源的开发与保护以及城市环境建设，注重协调城市居住环境、城市环境与旅游环境之间的关系，通过旅游生态城市建设使城市生态系统、旅游系统、经济系统、社会系统处于相互协调、相互促进的动态平衡状态。我国广西壮族自治区的桂林市、山东省的泰安市等都提出要建设旅游生态城市。

2000 年，国务院颁发了《全国生态环境保护纲要》，明确提出要大力推进生态省、生态市、生态县和环境优美乡镇的建设。生态省（市、县）建设，就是以生态学和生态经济学原理为指导，以区域可持续发展为目标，以创建工作为手段，把区域（省、市、县）经济发展、社会进步、环境保护三者有机结合起来，总体规划、合理布局、统一推进，努力消除现阶段条块分割、部门职能交叉、相互掣肘的管理体制弊端，将区域（省、市、县）可持续发展的阶段性目标时限化、具体化、责任化，把区域小康社会建设的宏伟目标转化为扎实的社会行动。2003 年 5 月，国家环保局发布《生态县、市、省建设指标（试行）》，根据可持续发展三大支柱的内涵，从经济发展、生态环境保护、社会进步三个方面制定了生态省、生态市和生态县建设指标体系，对生态城市建设的评价标准做出了比较明确的规定。2006 年，先后制定了《全国生态县、生态市创建工作考核方案（试行）》和《国家生态县、生态市考核验收程序》，对生态城市建设、验收、评价、考核等工作提供了具体的考查标准和有力的政策指导。2008 年 1 月对相关指标进行了修订，以期在实践工作中更具指导性和操作性。

自此，生态城市建设在全国全面展开。2007 年 1 月为止，先后分九批开展了全国生态示范区建设试点工作，共 528 个地区成为全国生态示范区建设试点，经考核前六批试点地区中有 389 个地区被命名为国家级生态示范区，截至 2008 年 11 月，全国已经有海南等 13 个省区提出了建设生态省的奋斗目标，有 150 多个城市提出建设生态城市的设想，并由相关科研机构协助编写了生态城市规划，开展生态城市建设。由此，国内生态城市建设初步形成以各级行政区域为主体的梯级体系，呈点线面相结合、齐头并进的建设格局。

截至 2011 年 2 月，中国 287 个地级以上城市中提出“生态城市”建设目标的有 230 个，所占比重为 80.1%；到 2012 年 2 月，提出以“生态城市”或“低碳城市”等生态型的发展模式为城市发展目标的地级（含）以上的城市有 280 个，占相关城市比例的 95%，截至 2013 年初，全国开展生态城市建设的主要城市名称见表 2－3。

表 2-3　中国生态城市建设汇总表

省份	城市
直辖市	北京、天津、上海、重庆等
江苏省	南京、连云港、徐州、泰州、苏州、常熟、大丰、镇江、宿迁、常州、无锡、扬州、昆山、南通、吴江、江阴、江都、淮安、张家港、太仓等
山东省	济南、台儿庄、莱州、日照、威海、烟台、青岛、潍坊、菏泽、济宁、聊城、滨州、城阳、东瀛、胶州、荣成、肥城、东营、泰安、临沂等
浙江省	杭州、金华、丽水、温州、临安、宁波、余姚、绍兴、海宁、黄岩、衢州、湖州、嘉兴、舟山、温岭等
广东省	佛山、广州、惠州、中山、深圳、汕头、江门、肇庆、茂名、珠海、开平、云浮、河源、韶关、梅州等
福建省	福州、厦门、泉州、三明、漳州、莆田、建瓯、宁德、龙岩、长乐、南平、福清、南安等
河南省	郑州、焦作、洛阳、信阳、南阳、濮阳、开封、安阳、平顶山、新乡、汝州、永城、鹤壁、济源等
湖南省	长沙、衡阳、郴州、娄底、岳阳、张家界、株洲、湘潭、资兴、益阳等
四川省	成都、乐山、自贡、都江堰、雅安、江油、绵阳、德阳、西昌、宜宾、温江、眉山、资阳、泸州等
云南省	昆明、大理、丽江、玉溪、思茅、景洪、洱源、安宁、十堰等
广西壮族自治区	南宁、桂林、北海、梧州、崇左、柳州、玉林、来宾、贺州、河池、防城港等
辽宁省	沈阳、营口、大连、本溪、阜新、盘锦、锦州等
河北省	承德、秦皇岛、唐山、北戴河、滦县、保定、石家庄、涿州、衡水等
湖北省	武汉、十堰、襄樊、黄石、荆门、枣阳、京山、随州、咸宁、襄阳、南通、宜昌、荆州等
陕西省	西安、宝鸡、铜川、咸阳、安康等
黑龙江	哈尔滨、伊春、大庆、佳木斯等
江西省	南昌、宜春、抚州、新余、上饶、景德镇、九江、萍乡等
安徽省	合肥、黄山、马鞍山、淮北、池州、淮南等
山西省	长治、忻州、太原、晋城、运城、大同、临汾、孝义等
海南省	海口、三亚、儋州、保亭、文昌、东方、昌江等

表 2-3(续)

省份	城市
新疆维吾尔族自治区	库尔勒、石河子、呼伦贝尔盟等
内蒙古自治区	包头、锡林浩特、扎兰屯等
吉林省	长春、吉林等
贵州省	贵阳、安顺、同仁、都匀等
甘肃省	兰州等

根据多年的数据显示,我们可以看出自生态城市在我国提出以来,各省市快速展开了生态文明城市的建设。鞍山市作为中国辽宁省第三大城市,全市国民经济和社会事业在历经二十多年改革开放的洗礼后,步入加速发展的快车道,目前综合经济实力位居全国五十名左右。在与其齐名的几个城市中,洛阳、徐州、扬州、绍兴等城市都已经开始了生态城市的建设,甚至很多综合实力不如鞍山(如泰安、桂林等)的城市都在生态城市建设方面取得了显著的成绩。生态城市建设作为当前社会发展的趋势和要求所在,鞍山市急需迅速开展生态文明城市建设。

本章小结

国外对生态城市理论的研究非常注重实用性和可操作性,其规划设计的理念和思路比较具体,与城市生态环境和社会问题结合得比较紧密,理论联系实践,一般能很好地解决生态城市规划和建设中的问题。国内的生态城市研究比较注重融合中国传统文化,主要从生态学和规划的角度展开对生态城市理论的研究,一般通过建立目标和指标展开生态城市的规划,目的性比较明确。但是,综观国内外学者对生态城市的研究,生态城市理论对目前的城市规划和建设的影响还不够深远,可以从两个方面进行扩展:

(1)加强生态城市理论研究的系统性和整体性。生态城市是基于生态学原理建立的“社会—经济—自然”复合生态系统,并以一定区域为依托的城乡综合体,其发展离不开一定的区域背景。偏重于城市局部微观层次的理论和方法无法解决系统内部与外部之间的复杂问题,因此有必要探讨从宏观和区域整体的角度来研究生态城市系统的理论和方法,实现城乡整体结构生态化和区域的生态完整性。

(2)体现生态城市的地域性和多样性。生态城市不是单一发展模式的城市,城市与城市之间的差异性决定了用于评价城市发展的指标体系和规划内容也应该有所不同,有必要进一步探讨反映城市个性的指标和规划方法。

第三章　鞍山市建设生态城市的基础

第一节　鞍山市基本概况

一、鞍山市的区位条件

1. 地理位置①

鞍山市地处辽东半岛中部，因市南郊有一对形似马鞍的山而得名，地理坐标位于东经122°10′～123°41′，北纬40°27′～41°34′。鞍山现辖海城市、台安县、岫岩满族自治县和铁东、铁西、立山、千山四个城区。鞍山全境南北最长175千米，东西最宽133千米，总面积为9 252.425 6平方千米，占辽宁省总面积的8.4%，总人口351.8万人，其中规划控制面积800平方千米，人口146.9万人，东部、北部靠辽阳县，南部与凤城市、庄河县毗邻，东南部与大石桥市接壤，西部与盘山、辽中县连接。鞍山市中心距辽宁省人民政府所在地沈阳市89千米，东距煤铁之城本溪市96千米，南距大连市308千米，西南距营口鲅鱼圈新港120千米，西距盘锦市103千米。

2. 地形地貌

鞍山市的地势地貌特征是东南高西北低，自东南向西北倾斜。东南属于千山山脉延伸部分的山区，一般海拔300～600米；最高为岫岩的帽盔山，海拔1 141米，海城一棵树岭次之；山区主峰海拔931米，面积约为5 271.44平方千米，占全市总面积的56.97%。中部为千山山脉向西部冲积平原过渡地带，属低山坡岗丘陵区，一般海拔100～200米，面积约为1 232.56平方千米，占全市总面积的13.32%。长(春)大(连)铁路以西系辽河、浑河、太子河冲积平原，一般海拔5～20米，全市海拔最低的是台安县韭菜台乡杨塘村，海拔仅2米；平原面积约为2 748.425 6平方千米，占全市总面积的29.71%。

3. 自然气候

鞍山属暖温带大陆性季风气候，四季分明，降水充沛。鞍山市地处中纬度的松

① 参考鞍山市政府官方网站，http://www.anshan.gov.cn/。

辽平原的东南部边缘，属于暖温带大陆性季风气候区，主要气候特点是：四季分明，雨热同期，干冷同季，降水充沛，温度适宜，光照丰富，大风、冰雹、旱涝、霜冻等灾害性天气在不同年份和季节均有不同程度的发生。鞍山所辖区域虽属同一个气候带，但因地理环境（地形、地貌、距海远近）不同而有差异。年降水量为640～880毫米，自东南向西北逐次减少；年平均气温平原地区为8.0～9.0℃，而东部和东南部山区为6.3～7.0℃；日照小时数年平均为2 350～2 700小时，西北部多于东南部。鞍山辖区狭长，各地气候有所不同，下面主要以鞍山市区的气候数据为例对鞍山地区的气候特点加以概括。

（1）气温

鞍山市年平均气温为9.6℃，最高为11.3℃（1998年），最低为8.4℃（1976年）。鞍山的气温波动幅度很大，历史上极端最低气温为－30.4℃，极端最高气温为36.9℃。

（2）降水

鞍山年平均降水量为708毫米，最多为1 042毫米（1986年），最少为384毫米（1989年）。

（3）日照

鞍山市日照比较充足，年平均日照时数为2 543小时，最多2 716小时（1975年），最少2 303小时（1990年）。生长季（4～9月份）的日照时数也有1 200～1 400小时，基本可以满足农业生产的需要。

（4）湿度

鞍山市年平均相对湿度为58%，最高为67%，最低为52%。湿度的月季变化也比较大，一年中3、4月份最低，平均为47%～49%，7、8月份最高，可达75%左右。霜冻等灾害性天气在不同年份和季节均有不同程度的发生。

（5）水文特征

鞍山地势东南高西北低，自东南向西北倾斜，横跨辽河、黄海岸两个流域，地表径流比较丰富，境内河道总长1 421.6千米，其中大河长度248.7千米，中、小河流长度为1 172.9千米。鞍山市境内有大小河流40余条。其中，较大的河流有辽河、浑河、太子河、大洋河、哨子河。前3条为过境河，后2条流源均在岫岩满族自治县境内。辽河流经台安县到盘锦市流入渤海，太子河、浑河在海城市西四镇汇合后为大辽河至营口市流入渤海；发源于岫岩境内的大洋河、哨子河贯穿整个岫岩县最后在丹东流入黄海。鞍山市区、海城市、台安县位于辽河流域下游，岫岩县位于黄海岸流域大洋河的上游。

5. 土壤类型

鞍山土地资源经过长期的土地开发利用，形成了西北平原农林渔土地利用区、西部冲积平原农渔土地利用区、城市土地利用区、中部波状平原农林果土地利用区、东南低山丘陵林果农土地利用区、南部低山林农土地利用区。鞍山市成土母质类型多样，全市共有6个土类、16个亚类、53个土属、87个土种，棕壤土是全市6个土类中最多的土壤，面积达552 691公顷，占全市土壤总面积的65.9%，主要分布在东南山区和丘陵地带。草甸土次之，面积为265 672公顷，主要分布在沿河冲积平原地区，占全市土壤总面积的31.7%，其他4个土类面积占土壤总面积的比重依次为：水稻土11 205公顷，占1.3%；沼泽土4 135公顷，占0.5%；风沙土3 746公顷，占0.5%；盐土867公顷，占0.1%。总体来说，鞍山市土质肥沃，适合农作物生产，生产玉米、水稻、蔬菜、大豆、花生、水果等。

二、鞍山市自然资源条件

1. 矿产资源

鞍山境内已探明的矿产资源非常丰富，有50余种，已经开发的37种，可分为能源矿产、金属矿产、非金属矿产、稀有矿产、宝玉石矿产和矿泉水等六大种类。

能源矿产主要有煤炭、石油、天然气和地热水。金属矿产主要有铁、锰、铬等黑色金属矿产；铜、铅、锌、钨、钴、镍等有色金属矿产；岩金、砂金、银等贵金属矿产；冶金辅助原料矿产，菱镁矿、红柱石、萤石、黏土等非金属矿产；硫铁矿、硼矿、磷矿等化工非金属矿产；滑石、水泥大理岩、水泥灰岩、硅石、长石、白云母、石墨、方解石、水镁石、膨润土、石棉、理石、硅灰石、白云岩、花岗岩、蛇纹岩、闪长岩、水晶、蛭石、制砖黏土、河道沙、建筑石、磨石等建材及其他非金属矿产。稀有矿产主要有镉、铈、铍、独居石等。宝玉石矿产主要有玉石、绿柱石。矿泉水资源主要有热矿泉水和冷矿泉水。

储量最丰富的有铁、菱镁矿、滑石、玉石、理石、石灰石、花岗岩、硼等。铁矿，探明储量100亿吨，占全国的四分之一，主要分布在鞍山市区周围及辽阳市的弓长岭。菱镁矿，探明储量23亿吨，占全国的80%，占世界储量的四分之一且质地、品位俱佳，主要分布在海城东部山区和岫岩境内。滑石矿，探明储量为6 000万吨，占全国的40%，主要分布在海城和岫岩境内，且白度纯正，铁钙等杂质少，在国际市场上享有盛誉。岫玉，探明储量约206万吨，占世界的60%，被确定为中国“国石”第一候选石，2006年12月，岫岩县被中国矿业协会命名为“中国玉都”。大理石，主要产于岫岩和海城，储量巨大。两地的大理石色彩缤纷，有红、黄、黑、白、绿等色，是高级建筑材料的珍品。石灰石，主要分布在岫岩和海城东部山区，千山区的唐家房和大孤山乡也有些许分布，储量可观，且这些地区的石灰石质地好，含钙量达53%，是生产水泥的上好原料。花岗岩，主要产地是岫岩满族自治县，储量超200亿吨，这里的黑色花岗岩被誉为“石材之王”。

2. 森林资源

鞍山森林资源比较丰富，木本植物繁多，已知的木本植物有47科，102属，252种。鞍山森林资源集中分布在东部山区，其中仅有10%左右分布在海城市、台安县和千山区。东部森林多为落叶阔叶树种与落叶针叶、常绿针叶树种混交林；中部森林多为落叶阔叶林，且杨树比重比较大。鞍山森林资源可分为天然林和人工林。按照森林的效益和国民经济的需要可划分为防护林、用材林、经济林、薪炭林和特用林5个树种。

2012年3月，鞍山市顺利通过了国家林业局创建国家森林城市核查验收组的检查验收。7月9日在呼伦贝尔举办的第九届中国城市森林论坛上，鞍山市被全国绿化委员会、国家林业局授予国家森林城市称号。通过几年创森，鞍山森林覆盖率已达到48.11%，建成区绿地率37.9%，绿化覆盖率38.5%，人均公园绿地面积10.4平方米，城市中心区人均公园绿地超过5平方米，水岸绿化率85%，道路绿化率87.5%，全年城市空气质量二级以上标准天数324天。创建国家森林城市的成功，对于鞍山林业发展来说具有划时代的重大意义，开启了鞍山林业建设发展新征程，实现了由钢铁资源型城市向森林型城市的华丽转身。

2011年9月30日，辽宁省政府召开了全省青山保护工程电视电话会议，鞍山被确定为全省青山工程治理唯一示范市。2012年，鞍山市青山工程建设不辱使命，超额完成建设任务。完成矿山生态治理面积940公顷，完成计划任务的140%；完成小开荒还林1 333.3公顷，超坡地及严重沙化耕地还林1 187.7公顷，建设工程封育围栏150千米。

3. 旅游资源

鞍山是中国优秀旅游城市，拥有世界第一玉佛、亚洲著名温泉、国家名胜千山、中华宝玉之都和祖国钢铁之都五大旅游品牌。千山，素有“辽东第一山”之美誉，是国务院命名的第一批风景旅游区，国家4A级旅游景区；玉佛苑，是国家4A级旅游景点，有一尊以重达260吨“玉石王”雕琢而成的玉佛，荣膺吉尼斯世界之最，堪称当今“国宝”；汤岗子温泉，是全国四大康复中心之一，在亚洲享有盛名。鞍山是一个以汉族为主要人口构成的多民族地区，共有汉、满、回、朝鲜、蒙古、锡伯、藏等32个民族。多民族造就多元化的文化，而多元化融合后又形成了内质饱满丰富的综合文化。鞍山民俗文化众多，其中千山寺庙音乐、岫岩单鼓、海城高跷、海城皮影戏、岫岩皮影戏、海城喇叭戏、鞍山评书、岫岩剪纸等已被列入国家级或省级非物质文化遗产。如此多样的文化相得益彰，大放异彩，使得鞍山成为一座文化氛围浓厚的现代旅游城市。

4. 土地资源

鞍山市土地资源经过长期的土地开发利用,形成了西北平原农林渔土地利用区、西部冲积平原农渔土地利用区、城市土地利用区、中部波状平原农林果土地利用区、东南低山丘陵林果农土地利用区、南部低山林农土地利用区。2011 年农林牧渔业总产值 169. 9 亿元,其中农业产值 71. 5 亿元。农作物播种面积 25. 1 万公顷,水产品产量 5. 3 万吨,水果产量 28. 9 万吨,粮食产量 103. 6 万吨,蔬菜产量 223. 9 万吨,肉类产量 39. 9 万吨。

三、鞍山市经济社会发展概况①

经过 60 多年的建设发展,鞍山奠定了比较雄厚的工业基础。历经 30 多年改革开放的洗礼,鞍山老工业基地重新焕发了青春。特别是进入新世纪以来,鞍山以开放促改革、促调整、促发展,全面建设开放型地区经济,全市国民经济和社会事业步入加速发展的快车道,综合经济实力显著增强。

1. 经济发展概况

"十一五"期间,全市地区生产总值年均增长 15. 8% ,公共财政预算收入年均增长 19% ,全社会固定资产投资年均增长 29. 5% ,社会消费品零售总额年均增长 18. 6% ,城市综合实力明显增强。全市规模以上工业增加值年均增长 15% ,第三产业增加值年均增长 15. 7% ,占全市经济比重由 40. 4% 提升到 42. 4% ;设施农业面积由 16. 9% 提升到 41. 6% ;民营经济比重达到 68% ;科技对经济增长贡献份额达到 61% ,被评为全国科技进步先进市,经济结构进一步加速优化。国有企业改革深入推进,非公有制经济较快发展,对外开放不断扩大,实际利用外资和引进域外资金分别年均增长 34% ,鞍山市被评为全国投资环境百佳城市。

2012 年全年实现地区生产总值 2 687 亿元,同比增长 12% ;公共财政预算收入 234 亿元,增长 13% ;全社会固定资产投资 1 740 亿元,增长 26% ;社会消费品零售总额 702 亿元,增长 16% ;城市居民人均可支配收入 24 279 元,增长 14% ;农民人均纯收入 12 818 元,增长 15% ;万元地区生产总值综合能耗下降 3. 8% 。

2. 工业结构调整

全市钢铁深加工、菱镁新材料、装备制造业、纺织服装业等特色产业进一步发展,精细化工、高端阀门、激光、能源电池等新兴产业不断壮大。以重点发展主导产业推动工业优化升级,形成五大产业集群;以重大工业项目建设积蓄发展后劲,鞍钢 30 万吨取向硅钢、鞍钢 60 万吨精品线材、鞍钢 60 万吨煤焦油、中船重工 100 万

① 根据鞍山市政府官方网站、鞍山市政府工作报告相关数据资料整理。

吨船用钢加工、宝得150万吨热轧H型钢、紫竹80万吨船用钢构、中国软包装集团25万吨双向拉伸聚丙烯薄膜等一大批重大项目开工建设。2012年新增规模以上工业企业80家,总数达到1 167家。

3. 现代服务业

鞍山充分发挥城区经济的支撑作用,2012年出台了《加快发展现代服务业实施意见》;主城区商业综合体、品牌连锁经营、楼宇总部、金融服务、文化旅游等项目加速建设;全年新增限额以上服务业企业245家,总数达到2 827家。

4. 房地产业

积极吸引国内外知名开发企业来鞍山投资。通过举办房交会,出台惠民政策,刚需购买力得到较好释放。2012年全年完成房地产投资额386.6亿元,实现商品房销售额308亿元,增长22%。

5. 发展县域经济

全市现代农业建设步伐加快,全年新发展设施农业20 000公顷,总面积近90 000公顷。大力发展县域主导产业,海城菱镁深加工、台安化工新材料、岫岩非金属矿产品深加工产业集群建设全面推进;加快县城建设,县域地产开发面积达到1 106.4万平方米,增长1.92倍;积极应对严重汛情灾害,取得抗洪抢险全面胜利。

6. 社会发展概况

(1)发展交通事业,城市发展空间有效拓展

"十一五"期间,全市增加城市主次干道328条,新建改造供水管网312千米,新铺设燃气管网165千米,新增城区供暖面积1 900万平方米。在全省率先实现全部行政村通柏油路、通客车。2012年全面建设丹海高速公路,新建和改造腾达通海大道等道路总长166千米;改造虹桥、陈家台桥,开工建设曙光路沙河桥、劳动路地道桥,开通北京航线,建设快客铁路鞍山西站、海城西站和牛庄客运站,基本建成鞍山长客北站,建成30个村镇候车站亭;启动汤岗子新城主干路网、中央活力区、凤凰湖中央公园等基础设施和招商引资项目建设;达道湾新城一批品牌连锁商场、商务楼宇、体育场馆、职教设施和交通道路加速建设;海西新城主干路网和城市环路基本建成;建国南路和杨柳河桥拓宽改造主体工程竣工通车,建国东路、千山东路、机场路等城市主次干道改造工程基本完成;沈西工业走廊出海通道、哈大高铁鞍山西客站竣工通车;腾鳌机场列入国家民航规划序列;建筑围挡、广告牌匾等城市设施管理水平明显提升。

(2)城乡环境的改善

鞍山建设了大伙房水源供水工程,完成了引汤入鞍二期供水工程,建成判甲炉污水处理厂,万元地区生产总值综合能耗年均下降5.5%。全市森林覆盖率达到了48.1%,被评为全国创建文明城市先进市和国家森林城市。2012年,推动实施

青山、碧水、蓝天、净土工程,完成矿山环境治理900多公顷,造林绿化近3 000公顷,封育围栏150千米;辽河生态治理任务全面完成,大孤山等8座污水处理厂基本建成,国控断面达到地表水三类标准;羊耳峪垃圾处理场环境初步改善;6项空气污染减排项目较好完成,城区空气环境质量达标天数提高到324天。鞍山市全面开展“森林七进”活动,积极推进造林绿化、森林城市建设向多领域、全方位发展。全年共完成小区绿化109个,绿化村屯205个,绿化校园200个,绿化企业91个,绿化公路156条,绿化河流16条,绿化园区10个;通过高科技手段实现了对森林资源的年度变化监测,提高了森林资源变化检查的针对性,推动了森林资源管理水平的提高;实现了早发现、早制止、早查处。对森林资源卫星遥感监测系统判读林地疑似变化,累计发现疑似毁林开垦变化地块6 939处,涉及林地面积12.8万亩,有效打击了各类破坏林地行为。

(3)社会事业的发展

鞍山市在全国率先实行公立医院改革。在全省率先实现每个乡镇都有高标准的九年一贯制(寄宿)学校,每个行政村都有“农家书屋”,每个社区、村都有健身场所。职教城被确定为全国职业教育改革试点。市内建成了博物馆和文化艺术大厦。鞍山籍体育健儿在北京和伦敦奥运会上获得金牌、奖牌总数双列全省第一名。鞍山市先后被评为全国文化体制改革先进市、全国人民防空先进市、全国计生综合改革示范市,蝉联全国双拥模范城市五连冠和全国无偿献血先进市五连冠。2012年,新建改造25所标准化公办幼儿园、10所中小学校和5所高中。县区普九全部达到“双高”水平。市内开展药品集中采购试点,为全市43万名老年人免费体检。建成鞍山文化大市场,完成图书馆“一卡通”工程,启动有线电视数字化整转工作,市人口和家庭公共服务中心建成使用。气象灾害和地震监测达到省内一流水平。

(4)“十一五”期间人民生活水平明显提高

鞍山市城市居民人均可支配收入年均增长13.7%,农民人均纯收入年均增长15.1%。镇登记失业率控制在2%左右,被评为全国创业先进城市。棚户区加快改造,城市人均住房面积由22.4平方米增加到27.9平方米。在全省率先开展新型农村合作医疗和城镇居民社会养老保险、社会保障体系基本形成。2012年全年实现城镇实名制就业13.3万人,城镇登记失业率下降到1.97%。城市居民医保最高报销限额由6万元提高到21万元,新型农村合作医疗最高报销限额由5万元提高到12万元。城乡最低生活保障标准分别提高15%和25%。居民消费价格指数涨幅低于全国全省平均水平。全市建成回迁住房281.5万平方米,3.1万户居民陆续回迁,建成各类保障性住房7 509套,改造36所农村敬老院,帮助256户农村困难家庭解决住房,资助1 046名困难家庭大学生,新增100辆城市公交车。全市安全生产事故起数下降50%。鞍山市深入推进社会管理创新,社会综合治理、安全生产管理、食品药品管理进一步加强，社会保持和谐稳定。

第二节　鞍山市建设生态城市的基础条件的综合评价（优势、制约因素）

“建设生态文明”是实现现代化的新理念、新要求和新的历史使命。把城市建设成生产发展、生活富裕、生态良好、资源节约、环境友好的现代化大都市，人民能在良好的生态环境中生产生活，实现经济社会永续发展，人与自然和谐相处，是建设生态文明城市的客观要求。鞍山市建设生态文明城市，上有基本国策，下有群众需求，中有政府供给的支持，“天地人”合一，生态文明建设必将有一个长足的发展。

一、优势条件

1. 雄厚的经济实力为鞍山生态城市建设奠定经济基础

经过60多年的建设发展，鞍山奠定了比较雄厚的工业基础。历经30多年改革开放的洗礼，鞍山老工业基地重新焕发了青春。特别是进入新世纪以来，鞍山以开放促改革、促调整、促发展，全面建设开放型地区经济，坚持以科学发展观为统领，牢牢把握“稳中求进、稳中求快”总基调，加速结构调整，稳步推进各项工作，全市国民经济和社会事业步入加速发展的快车道，综合经济实力显著增强。

鞍山城市综合实力在全国百强城市排名由44位上升到30位。“十一五”期间，鞍山市地区生产总值达到2 125亿元，年均增长15.8%，公共财政预算收入年均增长19%，全社会固定资产投资年均增长29.5%，社会消费品零售总额年均增长18.6%。鞍山经济结构加速优化，全市规模以上工业增加值年均增长15%；第三产业增加值年均增长15.7%，占全市经济比重由40.4%提升到42.4%；设施农业面积由16.9%提升到41.6%，民营经济比重达到68%。科技对经济增长贡献份额达到61%，被评为全国科技进步先进市和全国投资环境百佳城市[①]。仅2012年就实现地区生产总值2 628.7亿元，按可比价格计算，比上年增长9.6%。其中，第一产业增加值124.4亿元，增长5.2%；第二产业增加值1 373.2亿元，增长9.9%；第三产业增加值1 131.1亿元，增长9.7%。地区生产总值三次产业的构成比例为4.7∶52.3∶43。人均生产总值74 901元，按可比价计算，比上年增长9.8%[②]。鞍山注重产业结构优化升级，现代工业、现代农业和现代服务业发展迅速，特色县域经济发展成果显著，雄厚的经济实力和良好的发展势头为鞍山建设生态城市奠定了

① 参考《鞍山市2013年政府工作报告》。

② 根据鞍山市统计局2008—2012年统计数据整理。

良好的经济基础。

2. 丰富的资源为鞍山生态城市建设提供不竭动力

鞍山境内已探明的矿产资源有 51 种,其中储量最丰富的铁矿、菱镁矿、滑石矿、岫玉等,2006 年 12 月,岫岩县被中国矿业协会命名为“中国玉都”。鞍山是中国优秀旅游城市,拥有世界第一玉佛、亚洲著名温泉、国家名胜千山、中华宝玉之都和祖国钢铁之都五大旅游品牌。鞍山的森林资源丰富,不仅森林种类繁多,且目前森林覆盖率已达到48.1%,被评为全国生态文明先进城市和全国森林城市,为建设生态文明城市积累了丰富的经验。现代农业建设步伐加快,全年新发展设施农业 30 万亩,总面积达到 9 万公顷。海城菱镁深加工、台安化工新材料、岫岩非金属矿产品深加工产业集群建设全面推进。利用鞍山现有资源,有效注册商标 8 000 多件,地方企业拥有中国驰名商标有 15 件(如西洋、后英三鱼、海诺、艾海、鞍轮、三冶、衡牌等)。消费品方面品牌包括优格乳和深山秀饮品商标,清水大米和台安小杂粮谷深加工产品等商标。地理标志商标三件,分别为“岫玉、鞍山南果梨、海城南果梨”。丰富的资源为鞍山生态城市建设提供了不竭动力。

3. 当地政府为鞍山生态城市建设提供制度保障

鞍山市政府也高度重视鞍山生态城市的建设,出台了相关的法规来遏制环境污染,采取相应的措施来治理环境问题,努力发展鞍山经济和社会事业的同时,十分重视鞍山环境质量的改善。

2010 年 10 月 26 日,鞍山市十四届人大常委会第 19 次会议通过《鞍山市环境保护条例》,2010 年 11 月 26 日,辽宁省十一届人大常委会第 20 次会议批准。根据 2012 年 2 月 9 日鞍山市十四届人大常委会第 29 次会议通过、2012 年 3 月 30 日辽宁省十一届人大常委会第 28 次会议批准的《鞍山市人民代表大会常务委员会关于修改部分地方性法规的决定》修正。《条例》分总则、环境监督管理、环境污染防治、生态环境保护、法律责任、附则 6 章 63 条,自 2011 年 1 月 1 日起施行。

从 2001 年开始,鞍山市政府以建设城乡绿色通道为重点,开展了大规模城乡道路绿化。鞍山市沈大高速、鞍羊路、海城外环路等县级以上公路两侧营造了 30 ~ 100 米宽林带,乡村公路营造了 20 ~ 30 米宽的林带。千山西路、二一九路、园林路、鞍辽路、鞍海路等主干道,全部实施高标准、宽绿带、微地型、组团式景观绿化,将大自然的景观微缩在道路两侧。全市城乡公路绿化率已 90% 以上,形成了覆盖城乡、四通八达、纵横交错的绿色走廊。近年来,市政府共投入 1.6 亿元,在全市新建、改造街心游园 32 处,总面积近 4 万平方米,建设有绿化配套的健身广场 136 座,新建及改造绿地面积 200 万平方米,为广大市民提供优美舒适的休闲空间。以南北、东西两条轴线为代表的绿带成为鞍山城市绿化的精品,其中东西轴线被评为全国绿色通道示范标准段。2009 年 4 月,鞍山市政府提出了创建国家森林城市的奋斗目标，并得到国家林业局的正式批复。《鞍山市森林城市建设总体规划》已经编制完成，鞍山将全力打造辽宁腹地绿色明珠，届时势必将进一步改善城市人居环境，不断提升城市品位，优化投资环境，增强城市竞争力。《鞍山市森林城市建设总体规划》以 2008 年为规划现状基准年，按照 2012 年和 2015 年 2 个规划期进行规划，其中 2009—2012 年为近期，其主要目标是国家森林城市的创建；2013—2015 年为中期，其主要目标是国家森林城市的建设和完善。2011 年 9 月 30 日，辽宁省政府召开了全省青山保护工程电视电话会议，鞍山被确定为全省青山工程治理唯一示范市。

2012 年开始，鞍山大力发展环保产业，全面实施"碧水、蓝天、净土"三大环保工程，建设 114 个环保工程，完成投资 159.2 亿元，鞍山市政府重视维护环境安全，防范环境风险，全力实施生态建设，逐步恢复生态功能，反过来为鞍山经济的发展提供有力的保障。2012 年，鞍山市政府先后制定下发了《关于建立鞍山市青山保护长效机制的通知》《鞍山市青山工程专项整治行动方案》《鞍山市青山工程六项绿地恢复行动方案》等一系列措施，保证了青山工程健康有序推进，形成了青山保护长效机制。

二、制约因素

鞍山市已有的工作基础，依托鞍山市的后发优势、产业优势、自然和生物多样性优势、森林资源优势、区位优势等各种优势，成为了鞍山市发展低碳经济和发展生态文明城市的有利条件。鞍山城市发展虽然较快，但是生态环境问题也日益凸现出来。2010 年第六次人口普查鞍山市总人口为 3 645 884 人，其中城镇人口 2 449 061 人，城市化水平为 67.17%，城市人口密度为 3 072.85 人/平方千米，处于城市化的中期向后期过渡的阶段①。城市人口的过度密集和高度城市化的生活方式使城市生活用水的水质量以及水源问题日益突出；城市规模的扩大和建筑设施的激增使城市绿地总量增加缓慢；第二产业仍然以资源密集型和加工型为主，导致了地表水源的污染和空气质量的下降；玻璃建材的大量使用和无线电通信的飞速发展加剧了光、电磁波的污染；新的城市生活方式的引进促使原有文化和习俗的衰退等。总之，通过调查和分析，综合起来，我们认为鞍山市目前在文明生态城市建设中，主要面临生态环境的制约因素，包括以下几个方面。

1. 生态建设缺乏统一的指导准则和建设规划

目前全国已有 150 多个城市纷纷以可持续发展思想为指导来制定国民经济和

① 参考《辽宁省 2010 年第六次人口普查主要数据公报》。

社会发展计划，提出了建设生态城市的目标，如上海、天津、哈尔滨、扬州、常州、成都、乐山、张家港、秦皇岛、唐山、襄樊、十堰、日照等。北京提出了建设世界一流“生态城市”的目标，上海提出了若干年内建成“生态城市”的目标，大连提出要成为“我国环境最美、最适宜创业发展和生活居住的生态城市”，深圳、厦门、成都、广州、青岛等城市也提出了各具特色的“生态城市”建设目标。2013 年鞍山市政府工作报告中明确指出：“以城市环境保护工程为重点，加快提升生态文明水平。要把生态文明建设放在更加突出的位置，以实施青山、碧水、蓝天、净土四项生态环境工程为重点，努力建设美丽鞍山。”鞍山市委市政府把生态文明的建设作为重点工作，但也只是从全局和战略的高度解决可持续发展问题、生态与环境问题。鞍山现有的城市规划，虽然也考虑到城市的生态保护和生态功能的建设，从总体上看，并没对未来“文明生态城市”建设提出更明确的规划和要求。鞍山原有的生态建设原则与目标已经落后于国内一些先进城市。另外，目前鞍山在城市规划和建设过程中无论是区域宏观战略，还是具体项目操作都对环境因子考虑不足。

2. 城市生态基础设施滞后

生态基础设施是城市生态系统生存和发展的基础，直接影响着城市的生态环境和生活质量。鞍山是国内老牌的工业城市，拥有鞍钢等一批重工业企业，由于工艺技术等因素的限制，给鞍山市生态环境带来了严重的污染。目前鞍山市生态基础设施建设滞后，设施数量、规模和处理能力均较低。随着城市规模的不断扩大，各种设施的处理能力已远远不能适应城市发展的要求。首先，在固体废弃物的处理上，仅 2009 年生活垃圾产生量 51 万吨，平均每天 1 400 吨，处理现状为卫生填埋，修建于 1997 年的羊耳峪垃圾填埋场是城区唯一的垃圾填埋场，垃圾处理能力已远远滞后于工业固体废弃物和城市生活垃圾的增幅，且处理方式落后，只能填埋或焚烧，今后应对垃圾处理厂进行改造和扩容；其次在污染水处理上，城市管网污水收集与处理系统建设不配套，不能全部实现排污分流。鞍山市城区污水处理厂已建成 3 座，其中正式运行 2 座，分别是西部第二污水处理厂、达道湾污水处理厂，试运行 1 座，为判甲炉污水处理厂。城区污水处理厂产生污染物为废水、噪声、废气、固体废物，其中固体废物是主要污染物，工艺部分产生固体废物有栅渣、沙砂污泥，其中生化污泥产生数量最大，年产生化污泥 24 807 吨(含水量 80% 左右)，全部定期清运至鞍山市羊耳峪废弃物处置中心进行卫生填埋处理。由于鞍山市目前污水处理厂存在建设投资主体单一，城市排水管网收集系统尚不完善，污水集中处理率低，现有的污水处理厂无深度脱氮措施，中水利用率低等问题，距国家模范城

60%的达标要求还有相当差距①。另外，污水处理几乎没有考虑回收利用装置，而且城市的基础设施中也没有节水装置，导致水资源不能循环利用。再者，在大气环境的治理上，进一步提高供气能力，完善制气厂及输配系统，普及清洁能源，控制煤烟型污染。此外，近年来鞍山市的绿地总量增长也较慢，而且公共绿地分布不均，发展不平衡。鞍山市生态基础设施的滞后，制约了城市生态环境质量的改善。

3. 生态建设的保障机制不健全

城市生态建设涉及城建、规划、土地、市政公用、市容、工商、环保等政府部门，是一个需要多方密切配合、相互协作的系统工程。由于生态建设涉及问题较多，牵涉的面广，实际运作过程中，在一定程度上仍然存在协作度不高的问题。另一方面在法制建设上，涉及生态环境保护的相关法规体系还不完善。我国关于生态城市建设方面的研究与实践起步比较晚，且没有现成的模式可供参考，建设鞍山生态城市的工作还处于探索阶段。

4. 企业和市民的环保意识淡薄，整体素质不高

企业是经济人，是以盈利为目的的社会组织，将获取最大的经济价值作为企业追求的首要目标，因此企业在生产过程中往往以牺牲环境的代价来换取最大的利益，环保意识比较薄弱。企业虽然对于生态城市的建设给予了高度重视，但环保宣传的力度还不够大，市民的生态环境意识比较淡薄。鞍山是一个以汉族为主要人口构成的多民族地区，共有汉、满、回、朝鲜、蒙古、锡伯、藏等32个民族。多民族造就多元化的文化，不同的民族之间的文化、生活方式、交流方式都存在着很大的差异，这也为鞍山生态城市建设的宣传带来一定的困难。市民生态意识的增强不是一簇而就的，它需要一个漫长的过程。

三、机遇

1. "十八大"提出的美丽中国构想为鞍山生态城市建设指明了方向

党的十八大报告指出要"推进生态文明，建设美丽中国"，明确了建设有中国特色社会主义事业"五位一体"的总体布局。报告中指出建设生态文明，是关系人民福祉、关乎民族未来的长远大计。面对资源约束趋紧、环境污染严重、生态系统退化的严峻形势，必须树立尊重自然、顺应自然、保护自然的生态文明理念，把生态文明建设放在突出地位，融入经济建设、政治建设、文化建设、社会建设各方面和全过程，努力建设美丽中国，实现中华民族永续发展②。鞍山市委、市政府深入贯彻党的十八大精神，把建设美丽鞍山作为创建全国文明城市活动的一项重要内容，全

① 根据《鞍山市第一次全国污染源普查技术报告》和辽宁省鞍山市环保局有关数据整理。

② 参考中国共产党十八大报告《生态城市建设的理论创新与美丽中国实践》。

力打造生态文明、美丽富庶的新鞍山。随着地区经济发展与环境之间的矛盾日益凸显，为响应国家建设资源节约型和环境友好型社会的号召和深入贯彻科学发展观的要求，实现企业和社会的可持续发展，为企业发展和市民生活提供良好的生产生活环境，重视生态城市的建设是大势所趋，十八大提出的“美丽中国”为鞍山市生态城市建设指明了方向。

2. 新能源、新材料、新技术不断发展与应用为生态城市建设提供了技术支持

“十一五”期间，国家将新材料作为高技术产业工程重大专项，重点发展特种功能材料、高性能结构材料、纳米材料、复合材料、环保节能材料等产业群。2010年6月，国家强调要大力发展新材料，重视材料的环境友好性、可再生循环性、全过程的节能减排特性，加快推进材料产业结构调整，积极发展先进结构材料和复合材料、功能材料等，积极发展电子信息材料、器件和系统技术等。2010年10月18日发布了《国务院关于加快培育和发展战略性新兴产业的决定》，规划至2020年，新能源的发展不仅包含核能、风能、太阳能和生物质能的开发利用，还包括洁净煤、智能电网、分布式能源、车用新能源等。对传统能源的升级，将采取有效措施加大节能力度，提高传统能源清洁化利用水平，同时推进替代产业发展，加大天然气等清洁能源利用规模。随着规划实施，未来10年将累计直接增加投资5万亿元，每年增加产值1.5万亿元。新能源将成为中国国民经济的先导产业。新能源、新材料以及各项环保技术的研发与应用极大地促进了新材料产业的发展，也为生态城市的建设提供了强有力的技术支持。

四、威胁

1. 目前全国经济增速放缓，经济发展形势严峻

当前中国已经进入中速增长阶段，面临着产能过剩、地方债务风险等一系列问题。进入2013年以来，缺乏亮点的经济数据引发外界对中国经济的担忧，一些外资投行和机构纷纷降低了对中国经济增长的预期。中国经济放缓的主要原因是制造业发展乏力，实体经济不景气。我国物价上涨压力大，目前国际大宗商品价格CRB现货价格指数已超过危机前最高水平。国内能源产出与需求间差距拉大，能源进口占总消费比例进一步提高。中国经济增速放缓，将以前高速增长下掩盖的矛盾和问题逐渐暴露出来，其中产能过剩和地方债务问题较为突出。目前中国正面临着经济结构失衡、产能过剩突出、地方财政债务高等问题，产能过剩近年来一直困扰着中国经济，其中钢铁行业表现最为突出，土地财政和债务性融资是地方财政的普遍模式，但如今地方政府面临财政收入增速放缓，财政支出不断增长的矛盾。

2. 环保技术普及率低

能源浪费,资源过度损耗,水资源短缺,全球气候变暖以及森林过度采伐等已经为人类敲响了警钟。为了人类和企业的可持续发展,一系列的新能源、新材料,环保技术与工艺被研发,如氢能源、利用潮汐与海浪发电,污水处理、固体废弃物回收处理技术革新,将生活垃圾回收发电等。但是有些技术的研发还处于试验阶段,还不能真正达到节能减排的目的,同时已经应用的技术由于使用费用较高、工艺复杂等因素的限制,在城市和企业的普及过程中遇到阻碍,普及率偏低。

本章小结

本章主要从鞍山市的区位条件概况、资源条件概况、社会经济发展概况三个方面进行介绍,在此基础上对鞍山市建设生态城市的基础条件的优势、劣势、机会、威胁进行综合分析评价,其中优势条件主要包括党和国家的引导、雄厚的经济实力、丰富的资源条件以及当地政府的重视,这些都为鞍山市生态城市的建设提供了便利;然而生态建设缺乏全面规划、生态基础社会滞后、保障机制不健全、市民素质不高等成为鞍山市生态城市建设的制约因素。本章通过对鞍山市现实情况的深入剖析,为鞍山市建设生态城市所采取的措施的提出奠定了基础。

第四章　鞍山市生态城市建设的现状

第一节　鞍山市生态城市建设的进展

鞍山市的生态城市建设的进展,从整体上分为两个阶段,第一阶段是以创建国家卫生城市和鞍山市第十个五年发展规划为主体,以创建国家环境保护模范城市的开端为契机和目标的生态城市建设。这个时期的生态城市建设,改变了鞍山的市容市貌,提高了鞍山市的工业发展、居民生活、城市经营生态环境。第二阶段是以创建国家森林城市和鞍山市十一五规划为主体,继续创建国家环境保护为目标的生态城市建设过程。该阶段的建设在第一阶段的基础之上,继续提高鞍山市的生态环境质量。

一、第一阶段,创建国家卫生城市、十五规划期间的生态城市建设成果(1998—2005)

鞍山市创建卫生城市工作始于1993年,2002年获得国家卫生城市称号。在“创城”期间,鞍山市进行了大量环境治理工作。1997年的中共十五大把可持续发展战略确定为我国“现代化建设中必须实施”的战略。鞍山在“十五”期间“经营城市”和树立“绿色鞍山”的新时代城市理念,通过各项环境治理、经济结构调整、文化建设等一系列工作推动鞍山的生态化建设。在此期间鞍山市在生态交通、农业生态、旅游生态、工业生态、人居环境生态、生态文化以及生态法规建设和执行上取得了显著的成绩。

1. 生态交通建设

通过生态交通建设全面地改善了鞍山市的经济发展交通环境,提高交通效率。从1998年至2002年累计完成城建投资40亿元,建成了以五一路立交桥为轴心的“十”字形城市交通主骨架,改造和大修51条主次干道,46处马路市场实现了退路进厅,畅通工程达到国家A类一等模范城市标准;2003年全面完成了市区内主干道的大修改造,鞍羊线和鞍下线鞍山段及海城外环全线建成,新修村村通油路314千米;2004年至2005年完成市客运站改扩建工程,完成兴盛路南延、千山西路改造、玉佛山隧道南洞扩建等道路建设，完成了千山路隧道北洞拓宽、杨柳河支线明沟改暗渠、鞍海路和千山东路大修、鞍羊路改造等工程，实现了"乡通油路"。鞍山成为全国畅通工程一等模范管理三连冠城市。鞍山市在加快城市道路改造的同时，全面加强了道路交通设施建设，投资 3 200 万元完善交通指挥监控系统、LED 交通诱导屏、智能信号控制系统及标识、标线及护栏，完成了"122"事故报警、电子警察系统的运行工作。①

2. 农业生态化建设

推进农业产业化经营，发展生态农业、设施农业、订单农业和创汇农业，形成了优质米、蔬菜、食用菌等十大主导产品，截至 2002 年鞍山市建设了 6 个农业科技示范园区，千山宁远、海城王家堡子等 4 个现代农业园区进入省级农业园区行列；培育了 364 个龙头企业，其中省市级龙头企业 14 个，龙头企业带动农户比例达到 45%，完成退耕还林和荒山造林 11 333 公顷，植树造林合格面积 45 333 公顷②；岫岩县于 1990 年到 2002 年实施世界银行贷款工程，共完成造林 16 200 公顷，5 346 万株，主要品种为日本落叶松，工程覆盖全县 23 个乡镇和 3 个国营林场。岫岩县此项工程被省项目办评为造林先进县，市政府科技进步一等奖。③

2003 年，积极发展专用玉米、高油大豆、优质水稻等 10 个特色产品，建设了 4 个省级、6 个市级和 78 个县乡级农业产业园区；订单农业发展到 90 万亩，比上年增长 28.6%；无公害农业达到 23 300 公顷，占总播种面积的 10.3%；开工建设了 30 万吨大米及副产品深加工、完达山 10 万吨液态奶等一批龙头项目，全市龙头企业发展到 378 家；"公司 + 基地"带动农户面达到 50%，完成植树造林作业面积 27 500 公顷，增长 36%；新增灌溉面积 5 200 公顷，改善涝区 7 400 公顷。④

2005 年，投入农业产业化专项资金，支持建设了岫岩永安滑子蘑深加工、台安仁泰肉禽、海城三合肉禽等一批农业产业化项目，发展省级以上农业产业化重点龙头企业 5 家。省级无公害农产品基地达到 72 个，农民经济合作组织增加到 234 个。⑤

3. 旅游生态化建设

鞍山市根据自身优势大力发展旅游业，千山和玉佛苑晋升为国家 4A 级旅游景

---

① 王春贵，鞍山市史志办公室. 鞍山市志：1986—2005（综合卷）[M]. 沈阳：北方联合出版传媒（集团）股份有限公司万卷出版公司，2011.

② 参考《2003 年鞍山市政府工作报告》。

③ 王春贵，鞍山市史志办公室. 鞍山市志：1986—2005（综合卷）[M]. 沈阳：北方联合出版传媒（集团）股份有限公司万卷出版公司，2011.

④ 参考《2004 年鞍山市政府工作报告》。

⑤ 参考《2006 年鞍山市政府工作报告》。

区(点),千山仙人台景区被认定为国家级森林公园。2002年,成功举办了三届中国·鞍山千山国际旅游节和首届中国·鞍山玉佛文化节,从1998年至2002年,旅游综合收入年平均增长23%,并获得中国旅游城市称号。2003年,千山风景区首次被列为全国黄金周假日旅游预报景区,千山和玉佛苑被评为全国知名旅游品牌。全年接待国内旅游者570万人次、境外旅游者4.6万人次,实现旅游综合收入40亿元,增长5%。2005年,鞍山市加入东北"4+1"城市区域旅游联合体,千山获得全国首批文明风景旅游区称号。

"十五"期间,鞍山市新建了6个自然保护区,新增自然保护区面积37 026公顷,初步形成了全市自然保护区网络。截至2005年,鞍山市共建立了不同级别、各种类型的自然保护区8个,总面积44 726公顷,占国土面积的比例由"九五"末期的0.8%提高到4.83%。目前鞍山市自然保护区、风景名胜区、森林公园等受保护面积达到57 783公顷,占国土面积的6.24%。①

4.工业生态化建设

鞍山市的工业生态化建设,从转变工业结构和清洁生产两个方面着手。鞍山市通过建立高新区,积极发展高新技术企业,转变经济结构,实现经济的绿色、低耗模式。1998年至2002年高新区培育发展省级高新技术企业119家。科技进步对工业经济的贡献率达到40%以上,对农业经济的贡献率达到55%以上,先后建成了海外学子创业园、鞍山软件园和科大科技园,引进了托普软件、清华紫光等一批高科技企业。创业服务中心晋升为国家级,累计孵化企业286家。2002年,鞍山被确定为国家技术创新试点城市和全国制造业信息化工程重点城市。2003年鞍山承办了辽宁省院校合作工程项目洽谈会,与清华大学、大连理工大学等院校签订合作协议80项,举办了海外学子创业周活动,签订技术引进和项目合作协议50项,建成了聚龙、海诺、华冶等企业研发中心。全市省级高新技术企业发展到142家,实现高新技术产品产值103亿元,比上年增长41.9%,科技对经济增长的贡献率达到48%。高新区引进了华融混合动力客车、清华同方环保工业园、北科大智能化控制同步开关高压断路器、吉兆公司数字电视广播发射设备等一批重点项目。②

鞍山市于2001年成立了清洁生产中心和清洁生产审核领导小组,对鞍山地区的冶金、化工、机械加工、选矿、热电、啤酒、印染、肉禽加工等重点工业企业推行清洁生产审核工作。截至2005年,全市共投资近12.3亿元,实施445个清洁生产方案,66家试点企业通过了考核验收;实现经济效益3.78亿元/年,节约水资源3 735

---

① 参考《鞍山市国民经济和社会发展第十一个五年规划纲要》。

② 参考《2002年鞍山市政府工作报告》《2003年鞍山市政府工作报告》《2004年鞍山市政府工作报告》。

万吨/年，节约电 345 万千瓦时/年，节约 15.89 万吨标准煤，节约矿石 12 万吨/年，节约钢材 35 789 吨/年。减少固体废弃物排放 23 489 吨/年，减少烟(粉)尘排放 8 968 吨/年，减少二氧化硫排放 2 446 吨/年，减少废水排放 3 537 万吨/年，减少 COD 排放 3 446 吨/年。①

5. 矿石山生态恢复

2001 年起，鞍山市发起以"向城市沙漠宣战"为主题的矿山生态恢复工作。"十五"期间鞍山市累计投入 6 300 多万元用于矿山生态恢复，共栽植槐树、杨树、沙棘及其他灌木等共 1 160 万株，累计完成市区周边矿山植被恢复面积 686 公顷。鞍山市区周边的东烧结前峪尾矿库、大孤山铁矿排岩场、眼前山铁矿排岩场、齐大山铁矿排岩场的废弃地生态恢复已初具规模，基本形成了环城森林公园。②

6. 城市绿化工程建设

2002 年，对二一九广场、胜利广场、站前广场和人民公园等 9 个城市广场进行了高标准的美化、绿化、亮化建设。全市植树 537 万株，新增绿地 1 129 万平方米，城区绿化覆盖率达到 35%。2003 年，城镇栽植大树 9 万株，市区栽植乔灌木 167 万株，新增城市绿地 139.8 公顷，进入省园林城市行列。2004 年，新增城市绿地 80 万平方米，完成大孤山供水和城区 3 条排水明沟改暗渠工程。2005 年，新增城市绿地 73 万平方米，十一五期间累计新增 665 万平方米。城市绿化覆盖率达到 36.3%，比 2000 年提高了 3.8%。全年空气环境质量有 284 天达到国家二级标准，比 2000 年增加 138 天。③

创国家卫生城市期间，完成了沈大高速公路两翼绿化、五一路立交桥绿化、环城绿化带等八大造林工程，提高了东西轴线绿化档次，新建了建国路等 45 条道路两侧绿化带，建设了 60 块街旁绿地，完成了 71 个小区的软硬覆盖和 60 个小区的植树绿化，市区造林作业面积 603 万亩，植树 5 024 万株。人均公共绿地达到 7.63 平方米，比 1999 年人均提高 0.5 平方米。全市展开完善城区环卫工作，206 条道路清扫保洁率达 100%，主次干道卫生达到了"七净六无"标准，生活垃圾日产日清，袋装化普及率达 90.6%，清运率达 100%，拆除了市区内的临时和违章建筑，拆除后的所有机关、单位都建设了通透围栏，进行了绿化美化。相关部门对市区主次干道两侧户外广告牌匾进行了全面整顿，对乱贴、乱画、乱写、乱挂行为进行了打击，

① 王春贵，鞍山市史志办公室. 鞍山市志：1986—2005(综合卷)[M]. 沈阳：北方联合出版传媒(集团)股份有限公司万卷出版公司，2011.

② 王春贵，鞍山市史志办公室. 鞍山市志：1986—2005(综合卷)[M]. 沈阳：北方联合出版传媒(集团)股份有限公司万卷出版公司，2011.

③ 参考《2003 年鞍山市政府工作报告》《2004 年鞍山市政府工作报告》《2005 年鞍山市政府工作报告》《2006 年鞍山市政府工作报告》。

对城区环境卫生、未验收小区、建设工地卫生进行专项清理，对主干道两侧的临街建筑进行粉饰，全市 7 787 栋居民住宅有 88% 的楼道进行了粉饰。

7. 生态水环境治理

2002 年开始的杨柳河治理工程，对鞍山烧结厂进行一选工艺改造，整治选矿废水，实现了东鞍山烧结厂废水零排放，改变了杨柳河的“红河”面貌。2003 年开始进行南沙河治理工程。2004 年，鞍山市对辖区内所有一级以上医疗机构的医疗废水排放和处理设施、排污情况进行了调查，并于 2005 年全面实施医疗废水的达标排放。

“十五”期间实施了鞍山矿业公司东鞍山烧结厂浮选工艺改造及废水处理回用工程、鞍山矿业齐大山选矿厂浮选工艺改造及厂排废水回用工程和鞍钢北大沟污水处理厂改扩建、鞍山金堡纺织公司印染废水处理及回用等水治理工程，选矿废水基本实现全部回用。2005 年，全地区工业重复用水率达到 94.6%，工业废水排放达标率达到 95%，工业 COD 排放量下降到 6 797 吨，比 2000 年减少 4 699 吨，太子河鞍山段水环境质量有所好转，石油类浓度明显下降，太子河鞍山段化学需氧量浓度总体呈下降趋势。2005 年达到地表水环境质量标准中 IV 类水质标准，完成“十五”计划目标，石油类浓度、总磷浓度达到Ⅳ类标准，氨氮浓度未达到 V 类标准。2001—2005 年太子河鞍山段化学需氧量、氨氮、总磷和石油类等主要污染物浓度监测结果见表 4－1。①

表 4－1　2001—2005 年太子河鞍山段主要污染物监测结果②

年度 指标	2001 年	2002 年	2003 年	2004 年	2005 年
化学需氧量/(mg/L)	30.4	35.5	37.1	31.7	27.7
氨氮/(mg/L)	3.47	4.06	3.60	4.83	3.63
总磷/(mg/L)	0.220	0.287	0.308	0.285	0.185
石油类/(mg/L)	0.36	0.39	0.39	0.22	0.10

8. 城市污染基础设施建设

鞍山市从城市环境容量和资源保证能力出发，遵循生态规律，逐步完善城市环境基础设施。实施污染集中控制，建成日处理能力 22 万吨的第一污水处理厂，建

① 参考《鞍山市环境保护“十一五”规划及 2020 年远景目标规划纲要》。

② 参考《鞍山市环境保护“十一五”规划及 2020 年远景目标规划纲要》。

成日处理能力 10 万吨的第二污水处理厂一期工程,建成日处理能力 6 万吨海城市污水处理厂,建成日处理能力达 1 200 吨的羊耳峪垃圾处理厂,填埋区容量为 900 万吨,沼气开放利用年限可达 30 年,并于 2002 年开工建设羊耳峪生活垃圾填埋厂二期沼气利用工程。鞍山市在全国率先实现了城市生活垃圾无害化、资源化处理。生活垃圾无害化处理率从创建前的 86% 提高到现在的 100%。

9. 空气污染治理

“十五”期间在强化老污染源治理和新污染源控制的基础上,积极采取了拆扒小吨位锅炉、建设高污染燃料禁燃区、烟尘控制区、料场操场等裸露地面生物覆盖、实施清洁生产以及推广使用水煤浆锅炉、煤气发生炉等措施改善空气环境质量,共拆扒小吨位锅炉 1 200 余台,拆扒烟囱 600 多根,新增集中供热面积 327 万平方米,建成高污染燃料禁燃区 16. 38 平方千米,烟尘控制区面积达到 133. 2 平方千米(占建成区面积的 97. 7%),完成生物覆盖面积 120 多公顷,完成尾矿库干坡段喷洒表面覆盖剂 200 多公顷。同时,相关部门强化了机动车尾气检测力度,2005 年机动车尾气检测达标率达到 94. 4%。①

“十五”期间城区空气环境中可吸入颗粒物浓度和自然降尘呈显著下降趋势,可吸入颗粒物浓度下降 34%,自然降尘下降 31%,二氧化硫浓度基本稳定。2001—2005 年主要空气污染物监测结果见表 4－2。

表 4－2　2001—2005 年城区空气环境质量监测结果②

指标＼年度	2001 年	2002 年	2003 年	2004 年	2005 年
可吸入颗粒物/(mg/m^3)	0. 177	0. 130	0. 122	0. 132	0. 177
二氧化硫/(mg/m^3)	0. 070	0. 055	0. 078	0. 088	0. 078
自然降尘/(吨/月·平方千米)	32. 1	27. 2	22. 4	24. 6	22. 2

10. 声污染治理

“十五”期间加强了对高音喇叭、餐饮娱乐、家庭装修和家用乐器等社会和生活噪声的管理力度,共完成 47 个安静小区建设,噪声达标区面积达到 88. 915 平方千米,占建成区面积的 65%,达标区惠及人口 134 万人。全市实施了“禁鸣”工程,减少了噪声污染,使区域声环境质量和交通干线声环境质量比“九五”期间有所

① 参考《鞍山市环境保护“十一五”规划及 2020 年远景目标规划纲要》。
② 参考《鞍山市环境保护“十一五”规划及 2020 年远景目标规划纲要》。

改善。

11. 生态文化建设

“十五”期间，鞍山环保局在各级各类媒体上发表环保宣传稿件，配合鞍山市科协在科技周、科普日举办大型宣传活动。每年利用世界环境日、世界水日、世界地球日等环保纪念日开展形式丰富的主题宣传活动。2002 年至 2005 年间，组织鞍山市老年环保志愿者和鞍山市青年志愿者协会开展各种宣传 100 余次，发放宣传材料 5 万多份。2001 年起，鞍山市根据《关于全市中小学开展创建“绿色学校”活动的通知》，在全市范围内开展“绿色学校”的创建工作，到 2005 年底，鞍山市共创建“绿色学校”111 所，其中市级“绿色学校”93 所，省级“绿色学校”16 所，国家级“绿色学校”2 所，占全市学校总数的 9.26%。全市中小学环境教育普及率达到 80% 以上。除此之外，鞍山市从 2001 年起开展“绿色社区”工作，截至 2005 年，全市共有“绿色社区”31 个，其中市级“绿色社区”23 个，省级“绿色社区”7 个，国家级“绿色社区”1 个。[①]

12. 生态法规

“十五”期间鞍山市政府颁布并实施了《鞍山市环境保护条例》，建成了 1∶5 空气环境质量自动监测系统和千山清洁对照点子站，建成环境监控指挥中心，在全省率先完成了市环境监理处、宣教中心等单位；完成了生态环境现状调查工作，基本掌握了鞍山地区生态环境现状和动态变化，建立了生态环境现状数据库；加强了建设项目环境管理，严格执行环境影响评价和环保“三同时”制度，环评执行率达到 100%，“三同时”执行率达到 96% 以上，否定了污染严重的建设项目 82 项（仅市级），有效地控制了新污染的产生；出动环境执法人员 3 万余人次，对 252 家重点污染企业及化工企业开展环境安全隐患排查行动，取缔“十五小”企业 85 家，取缔污染严重的企业 36 家；共处理水、大气污染等环境信访 4 962 件，处理率 100%，结案率 99%。

二、第二阶段，创国家森林城市、十一五规划期间生态城市建设成果（2006—2011）

鞍山市创森林城市工作按照“千山脚下森林城，万水河畔新鞍山”的森林城市建设理念。在鞍山市之前生态环境治理成绩的基础上，结合“十一五”规划中建设和谐鞍山、资源节约型和环境友好型城市的目标。在此期间，鞍山市在生态能源建设、水

① 王春贵，鞍山市史志办公室. 鞍山市志：1986—2005（综合卷）[M]. 沈阳：北方联合出版传媒（集团）股份有限公司万卷出版公司，2011.

资源建设、河流水系治理、生态交通、农业、林业、工业、法规建设、文化活动中取得显著成绩。2012 年，鞍山市被评为国家森林城市，鞍山市森林覆盖率已达 48.11%，城区绿化覆盖率达 38.94%，城市绿地率达 37.90%，人均公共绿地面积达 10.38 平方米，城市中心区人均公园绿地达到 5 平方米以上，全年城市空气质量二级以上标准天数达到 324 天。

1. 生态能源建设①

“十一五”期间，鞍山市政府投资 35 亿元对城市集中供暖系统进行改造，在充分利用鞍钢及热电厂余热水的同时，拆除污染重、能耗大的小型锅炉房 64 个，兴建大型环保集中供热锅炉房，新建丰盛堡、二台子、解放路、西沙河、双山、达道湾、农高区等七座大型集中供热锅炉房，新增供热面积 1 200 万平方米；改建扩建高新区、营城子等锅炉房，供热能力达 3 537 兆瓦；新建改造供暖管网 1 606 千米，改造扩建换热站 68 处，提高城市供暖能力。城市供热总面积 3 960 万平方米，比“十五”期末增加了 1 624 万平方米，城市居住供热普及率达到 99%。

在供水和电力方面，鞍山市完成了汤河水源二期扩建供水工程，主要包括新建本溪细河水利枢纽一座和输水隧洞 18 千米；新建汤河水源泵站土建扩建工程、汪家峪净水厂土建工程，铺设输水管线 24.3 千米，增加供水能力 15 万吨；实施了首山水源供水区域水质置换工程，使立山和铁东部分居民饮用上了优质水；投资 3 亿元新建改造供水管网 106 千米，80% 的陈旧老化管网得到翻新改造，城市供水管网长度达 2 123 千米，城市供水面积已达 140 平方千米，日供水能力达 46.3 万吨；王石、达道湾 500 千伏变电所投入运行，开工建设了鞍山、龙王、达道湾等 10 个变电所，新建和续建 220 千伏变电所 9 座、66 千伏变电所 10 座；引入国电集团投资建设两台 30 万千瓦发电机组的热电厂项目。

鞍山市还大力改善城市煤气设施，投资 3 亿元对未来发展用户提前预埋地下管干线；新铺设燃气管网 142 千米，对胜利路、中华路、解放路等供气管网进行大面积改造；改造 75% 的老旧管网，用气普及率达到 95.10 %；完成铁西 5 万立罐站搬迁到立山罐区工程。

2. 生态水环境建设

鞍山市在森林城的建设过程中，围绕城市中的万水河、杨柳河、运粮河三条内河水系进行重点整治和建设，进一步提高了城市档次和品位。2007 年，鞍山市政府决定斥资 8 亿元，进行南沙河工程改造。改造后的南沙河取名万水河，两岸进行美化、绿化、亮化，打造面积超过 10 万平方米的绿化景观带。2009 年，实施了万水

① 参考《鞍山市国民经济和社会发展第十二个五年规划纲要》。

河、杨柳河、运粮河整治工程，开工建设了胜利湖、杨柳湖、东山湖、运粮湖。2010—2012年鞍山市还实施了“辽浑太河滩地绿化工程”和“辽河生态恢复带工程”，对辽河、浑河、太子河、大洋河、哨子河五大河流进行生态治理，恢复其原有的自然生态状况。①

鞍山市还成立了辽河保护区管理局，专门负责辽河流域水生态保护与修复，在辽河流域退耕还河，恢复河道生态面积等方面取得了显著成效。辽河鞍山段干支流实现达标排放，完成护体林1 067公顷，完成自然湿地150公顷，滩地植被覆盖率由过去的11.2%提高到70%以上；开展“万水千山百湖城”水生态修复和保护工程；针对全市河流污染等问题，开展了水生态修复与保护治理工程建设、湿地综合治理建设，特别加快了城市河流的治理工作；对海城三岔河湿地、大麦科湿地实施了综合治理，建立拦蓄工程4座，恢复湿地面积1 000多平方千米，建立河道水域生态恢复区500多平方千米。

3. 生态交通建设

“十一五”期间，鞍山市公共交通得到了巨大的发展。鞍山市投资3.3亿元，完成了八家子、果园街、判甲炉和调军台4个停车场，总面积13.3万平方米；新增和更新公交车辆727台，增加了运力，降低了营运成本，现有营运车辆1 407车辆，比“十五”期末增加287辆。

鞍山市对城市道路交通进行改造，初步形成了与城市发展、经济布局基本适应的道路交通布局，彻底改变了“十字加环路”的单一道路格局，实施了“十横、八纵、五环十射”的道路交通大格局规划，拓展了城市发展空间，为城市向南发展，新城建设提供了重要的基础设施支撑。市内新建、改造了西北环路、莘英路及隧洞，新建腾达大道、四达大道、钢西路、解放路、达道湾工业园区等道路网，新建建材街、曙光路、樱山路、灵山路等灵山工业园道路网和汤岗子农高区等道路，新建拓宽改造了胜利路、中华路、千山西路、园林路、孟深路、绿化街、湖南街、解放东路等15条示范道路。“十一五”期间，全市新增主次干道60条道路，长度增加127.3千米，道路总长达598.3千米，较“十五”期末增加27%；道路面积14 105万平方米，较“十五”期末增加308.5万平方米，增加了28%。“十一五”期末道路完好率达到100%；新增城市道路路灯3.13万盏，城市路灯总盏数达到7.23万盏。“十一五”期间用于道桥、路灯新建改造、大修、维修的投资达156亿元。②

---

① 参考《鞍山市国民经济和社会发展第十二个五年规划纲要》《2007年鞍山市政府工作报告》《2013年鞍山市政府工作报告》《2010年鞍山年鉴》。

② 参考《鞍山市国民经济和社会发展第十二个五年规划纲要》《2011年鞍山年鉴》。

在航空领域,鞍山市开通了鞍山至北京民用航线,桃仙机场鞍山候机楼投入使用。

2011 年,鞍山市完成了千山东路改扩建主体工程、南三环和旧腾路续建工程;丹海高速公路建成通车;万水河南路、北路和鞍千路改造工程加快建设,新建农村公路 100 千米;陈家台桥、曙光路桥竣工通车;高铁鞍山西站和海城西站、鞍山客运北站和海城牛庄客运站竣工;新购置城市公交车 100 台。[①]

4. 生态农业建设

“十一五”期间,鞍山市基本形成贯穿千山区、海城市、台安县 7 个镇、45 个村的鞍羊路设施农业示范带,沿线建设了宁远镇张忠堡蔬菜花卉日光温室小区、高坨镇三合肉鸡养殖小区、黄沙镇万头奶牛养殖基地、金桥蛋鸡养殖场、温州现代农业园、新开河镇棚菜种苗繁育基地等设施农业重点项目。“十一五”期间,鞍山市温室大棚和标准化养殖棚舍得到高速发展,2007 年发展温室大棚和标准化养殖棚 1. 3 万栋;2008 年发展温室大棚 5. 9 万栋、标准化养殖小区 221 个;2009 年,发展标准化温室大棚 4. 9 万栋、标准化养殖小区 440 个。十一五期间鞍山市设施农业总面积近 9 万公顷,占农业比重达到 34. 9% 。[②]

2011 年,海城大蒜种植发展到 3 300 公顷,成为国家现代农业示范县;台安鸭鹅饲养量达到 1 亿只,成为东北鸭鹅第一县;岫岩蘑菇产量达到 60 万吨,成为全国蘑菇第一县。全年新发展设施农业 1 万公顷,总面积接近 10 万公顷,实施亿元以上农产品深加工项目 37 个。[③]

5. 生态林业建设

2010 年,鞍山市制定了《三年大规模造林绿化工程建设规划》,规划了河滩地绿化工程、台安沙地生态经济林工程、三类沙化残次蚕场退蚕还林工程、山区造林绿化工程等八大生态工程;对岫岩县、海城市东部山区沙化严重的蚕场进行退蚕还林,营造以日本落叶松、红松为主的速生丰产林 1. 6 万公顷, 补植改造残次蚕场 1. 9 万公顷,有效扼制了土壤沙化、水土流失现象;台安西北部果树治沙工程栽植寒富苹果经济林 4. 7 万公顷,取得生态治理与农民致富的双重效益;在台安开展辽河万亩生态恢复带建设工程,一期工程完成造林 400 公顷,生态建设工程 2009—2010 年两年总计投入造林绿化资金 40 亿元,植树造林 4. 7 万公顷。[④]

---

① 参考《2012 年鞍山市政府工作报告》。

② 参考《2008 年鞍山市政府工作报告》《2009 年鞍山市政府工作报告》《2010 年鞍山市政府工作报告》。

③ 参考《2012 年鞍山市政府工作报告》。

④ 参考《2011 年鞍山年鉴》。

6. 生态工业建设

“十一”五期间，鞍山市通过引进低耗能、高附加值、绿色的高新技术企业，改变鞍山市工业产业结构，提高高新技术企业在工业总产值中的比重，实现生态工业的建设。与此同时，鞍山市通过重点节能降耗技术改造项目，对高能耗企业实行差别电价，依法重组、改造、关停“五小”企业、高耗能高污染企业、落后产能企业，建设绿色、低耗、可持续的生态工业。

2006 年，鞍山市 5 个国家 863 计划项目通过验收，新增企业技术中心 6 家、研发中心和中试基地 7 家、省级高新技术企业 11 家。

2007 年，全市高新技术企业发展到 194 家，全市实施节能减排改造工程 84 项，依法重组、改造、关停“五小”企业 255 户。鞍钢建成国内首台 300 MW 燃气蒸汽联合循环发电机组（CCPP），实现了高炉煤气零排放。

2008 年，鞍山市推进重点节能降耗技术改造项目 36 个，对 193 家高能耗企业实行差别电价，累计关停高能耗高污染企业 310 家，完成污染减排项目 157 项，省级高新技术企业发展到 204 家。

2009 年，鞍山市实施重点节能技术改造项目 134 个；依法关停“五小”企业 150 家；科技创新取得新进展，成功收购 10 家国外科技型企业，引进 14 个海外研发团队；发展企业技术中心、工程研究中心和实验室 71 家；国家级高新技术企业发展到 53 家。鞍山被评为全国科技进步先进市。

2011，鞍山市淘汰落后产能企业 9 户。①

鞍山市通过历年工业结构的深化和转变、工业企业的节能减排等一系列的可持续经济发展的工作，使得鞍山市单位总产值能耗稳步下降。2007—2011 年下降幅度见表 4－3。

表 4－3　2007—2011 年单位总产能耗下降幅度②

年度 指标	2007 年	2008 年	2009 年	2010 年	2011 年
单位总产值能耗下降幅度/%	5.3	5.3	6	5.5	3.9

注：以上年为标准。

① 参考《2006—2012 年鞍山市政府工作报告》。

② 参考《2006—2012 年鞍山市国民经济和社会发展统计公报》。

7. 旅游生态化建设

“十一五”期间鞍山市成功举办了“2006 中国森林旅游博览会暨第六届中国鞍山·千山国际旅游节”，组织 10 场大型文化广场演出。2008 年启动建设千山东路文化旅游产业带，洽谈推进了千山海洋大世界、热岛玉温泉、穹幕影城等文化旅游产业项目；围绕汤岗新城建设，规划充分利用凤凰山、宝石山自然山体和丰富的温泉水资源，合力打造低碳、低密度、高绿化、高生态的温泉小镇和温泉度假城。2011 汤岗子温泉旅游度假区被确定为辽宁省温泉旅游核心区，千山风景区被评为全国生态文化示范基地；成功举办第四届南果梨节、第八届千山春节民俗文化庙会、玉佛山迎春灯会、海城人游海城、台安河蟹节、岫岩蘑菇节和千山区葡萄文化节等多种类多形式的节庆活动。

8. 城市污染基础设施建设

“十一五”期间，鞍山市完成西部第二污水处理厂整体改造工程，新建达道湾污水处理厂、判甲炉污水处理厂、海城市污水处理厂二期工程、海城腾鳌污水处理厂、海城感王污水处理厂、台安县污水处理厂和岫岩县污水处理厂等 7 座污水处理厂。其中，达道湾污水处理才、海城市污水处理厂二期工程、海城市腾鳌污水处理厂和海城感王污水处理正式运营。鞍山市全市生活污水处理能力达到 32.5 万吨/日。此外，鞍山市还完成了千山西路中部暗渠、达道湾工业园区排水、灵山工业园区排水等工程。城市排水管网长度 758 千米，比“十五”期末增长 12.8%。

9. 空气污染治理

“十一五”期间，鞍山通过发展集中供热，逐步取缔城区 20 吨以下燃煤锅炉，对全市电厂、锅炉和烧结机实施脱硫改造工程；以鞍钢集团公司、鞍山矿山公司和北美集团等企业为重点，完成鞍山市所有电厂在用 75 吨以上燃煤锅炉的脱硫设施建设，完成鞍钢西区烧结 A 系列烧结机脱硫设施建设；完成二氧化硫减排项目 268 项，实现二氧化硫减排 24 135 吨。[①]

2011 年鞍钢炼铁总厂和齐大山铁矿脱硫工程竣工，二烧车间脱硫项目开工建设，开展扬尘污染专项整治，城区 89% 以上天数的空气环境质量达到国家二级标准。2007 年至 2012 年，城区空气环境中可吸入颗粒物浓度和二氧化硫浓度呈显著下降趋势，可吸入颗粒物浓度下降 33.8%，二氧化硫浓度下降了 30.4%。2007—2012 年主要空气污染物监测结果见表 4-4。

① 参考《2011 年鞍山年鉴》。

表 4－4　2007—2012 年城区空气环境质量监测结果①

年度 指标	2007 年	2008 年	2009 年	2010 年	2011 年	2012 年
可吸入颗粒物/(mg/ m^3)	0.13	0.109	0.111	0.105	0.10	0.086
二氧化硫/(mg/ m^3)	0.069	0.058	0.054	0.046	0.057	0.048

10. 城市绿化工程②

“十一五”期间，市政府投巨资先后改造了玉佛山风景区、烈士山公园、人民公园、永乐公园和孟泰公园，新建双潭公园、矿工路公园、劳动路公园，大面积建设达道湾工业园区、千山路等精品绿地，完善提高了街头绿地设施水平；完成市区五项工程建设，改善居民生活居住环境；共投资 2 亿元，对 615 万平方米裸露地面进行改造和绿化；建设 3.2 万米小区围栏工程；建设 30 个街心花园、139 个健身广场供居民休闲健身活动；改造 68 条街巷路，共 25 万平方米；着手进行南沙河、杨柳湖的综合整治；完成胜利湖、劳动湖、运粮湖的水景建设；新增城市景观水面 140 万平方米；城市绿化面积达 5 697 公顷，比“十五”期末增加了 748 公顷，绿化覆盖率已达 36.9%，人均公共绿地 9.16 平方米；对站前地区及胜利路、二一九路、千山路、五一路等沿街楼体实施亮化工程，提升了城市品位。“十一五”期间用于城市绿化等景观建设投资达 10 亿元。

“十一五”期间，鞍山市开展了大规模的村屯绿化工作，在全市启动“千村绿化”工程。2007 年至 2010 年市、县(市)区、镇村及社会各界共投入近 6 000 万元，对全市 800 村屯进行了全面绿化，建成高标准示范村 226 个，栽植树木 821 万株，建设、完善环村林带、林网、路网近 800 条；清理主副街 2 168 条，绿化进村公路 840 条，修建统一围墙 7.7 万延长米，实现了路宅分离，大部分村的村街两侧达到了“四化”，即绿化、净化、美化、亮化，实现了“四有”，即有黑色路面、有硬化排水、有统一院墙、有花草树木。

“十一五”期间环卫事业得到了发展：新购置垃圾压缩车、清扫车、除雪铲车、平地机等大型设备 42 台，新增道路清扫面积 713 万平方米，采购安装地埋式垃圾箱和果皮箱等 4 500 个，新增环保公厕、固定水厕 45 座，大修改造公厕 58 座，新增环卫工人休息点 12 处。

① 参考《2007—2012 年鞍山市国民经济和社会发展统计公报》。

② 参考《鞍山市国民经济和社会发展第十二个五年规划纲要》《2011 年鞍山年鉴》《2012 年鞍山市政府工作报告》。

2011 年开展市容市貌“十项综合整治”，取缔占道市场 40 处，拆除违章建筑 594 处，建筑施工噪声扰民等问题得到有效遏制；建成 11 座垃圾中转站，城市垃圾实现定点定时清运；实施 101 个村庄连片综合整治示范工程，建成 1 万个农村无害化卫生厕所；清理小开荒 1.5 万亩；植树造林 36 万亩，新增城市绿地 50 万平方米；完成玉佛山森林公园勘界。[①]

11. 生态文化建设

在创建国家森林城市期间，鞍山市建立政府主导、部门联动、全民参与、社会共建的运行机制。每年有 200 多万适龄市民参加义务植树，累计植树 1 000 多万株，尽责率 90% 以上，并先后建成青年林、巾帼林、中日友好林等特色纪念林；全市组建植树造林青年突击队 400 余支、青年志愿者植绿护绿小分队 1 300 余支，近 5 万人次团员青年参与了保护母亲河行动；还修建水利工程纪念碑和开展了节水文化的普及和挖掘工作，出版了 10 万字的《新世纪的水》《节水型社会知识宣传手册》《鞍山市水资源评价成果》等科普丛书。除此之外，鞍山市还大力建设“绿色校园”和“绿色社区”；利用世界环境日、世界水日、世界地球日等环保纪念日开展环境教育宣传活动；2010 年鞍山市在市级以上新闻媒体刊载环保稿件 1 000 篇，制作环保专题片 5 部；创建省级环境友好型学校 21 所。[②]

第二节　鞍山市生态建设面对的问题

一、商业中心的交通矛盾

鞍山市的站前地区既是全市的交通枢纽，又是商业中心所在地，这是造成交通问题严重的主要原因之一。铁东二道街的文化街以北段变为商业步行街不允许机动车行驶，导致鞍山站前广场成为了一个巨大的转盘。铁东二道街与文化街的交叉口，火车站边的虹桥与建国路的交叉口，常常有行人与机动车拥堵的现象，严重影响交通效率。其次，商业的开发建设超越了原规划的铁东二道街以东的界限，在铁东二道街的西侧又开发建设了大量的商业建筑，使该区缺乏完整的、独立的步行系统以及机动车公共停车场，沿路停车的现象普遍存在，致使道路阻塞不畅，进而影响全市交通的正常运转。

---

① 参考《2012 年鞍山市政府工作报告》。

② 参考《2011 年鞍山年鉴》《鞍山市创建国家森林城市纪实》《万水河畔新鞍山》《鞍山日报》。

二、公交系统不够完善

城市公共交通具有污染小、容量大、效率高的特点。提高市民的公交出行率对于提高城市空气质量、改善居民生活水平、树立生态城市形象有着重要的意义。鞍山公交系统作为城市居民的主要公共交通，发展相对滞后，2012 年鞍山市城区居民 1 518 780 人，拥有公交车 1 635 辆，每万人拥有公交车 10.7 标台①。大连市 2010 年每万人拥有公交车 24 标台，且市民公交出行率超过 45%。除了公交车数量不足外，公交系统在配套设施和服务上也存在诸多不便。有些公交车站点位置没有明显标志，公交车站点标识不清晰或被其他物体遮挡，无法被乘客找到，不仅导致外地游客不知道在哪里乘坐公交车，甚至一些本地居民都不清公交车站点在何处。其次，公交车站点中没有明确标明该站点经过的公交车车线路、该站点的名称以及每趟公交的间隔时间。许多公交车站点缺乏供乘客等候时的休息设施和必要的遮阴挡雨设施。由于工程建设而导致的公交车短期线路变动，未能及时告知乘客，给乘客带来不便。由于公交系统的不够完善，市民多选择自驾车出行，导致交通拥堵、尾气排放、污染城市空气。

三、河流生态环境依然严峻

自从“十五”期间以来，鞍山市在治理水体污染中投入了大量的人力物力，也取得了许多成就，鞍山市区域的河流水系环境得到巨大的改善。但是由于鞍山市地域条件、工业发展的特点，鞍山市河流生态环境依然严峻。2010 年，鞍山市河流水质总体为重度污染。9 条河流 25 个监测断面，一至三类水质断面占 40%，四类水质占 4%，五类水质断面占 4%，劣五类水质断面占 52%。其中，只有大洋河、哨子河水质为优。太子河鞍山段、南沙河、运粮河、杨柳河、无道河、海城河和小柳河均为中度污染。大洋河水质为二类，太子河鞍山段水质为劣五类。化学需氧量年均浓度为 17.6 毫克/升，国控断面小姐庙化学需氧量年均浓度为 17.4 毫克/升，达三类水标准，但是，氨氮浓度 4.16 毫克/升，超五类标志 1.08 倍②。鞍山市内，南沙河、运粮河和杨柳河均为劣五类水质，超五类水质标准指标依次为氨氮、总磷和化学需氧量。海城市五道河入河口断面和海城河入河口断面水质均为为劣五类水质，超五类标准指标依次为氨氮、总磷和化学需氧量。

---

① 参考《2012 年鞍山市国民经济和社会发展统计公报》。

② 参考《2011 年鞍山年鉴》。

四、工业污染、农业污染威胁农业

鞍山市工业对河流流域造成了严重的污染，严重危害依靠河流水系的灌溉的农业生产活动。用受污染的水灌溉土地会直接导致农产品的减产甚至绝收，并且导致农产品的质量下降。长期使用受污染的水浇灌会导致土地失去肥力，无法进行耕种，最终影响整个农业生态。除了水污染，农业生产过程自身也对农业生产的可持续性造成严重威胁。农药、化肥、农膜等农业化学物质的大量使用，对农业增产、农民增收和解决鞍山市农产品消费问题作出了突出贡献，但是也对鞍山市的农业生态造成严重的污染。

五、机动车污染对市区环境质量的影响

由于社会的快速发展，鞍山市机动车在用量逐年递增，“十一五”期间，年均增长速率为15%左右。到2010年鞍山市机动车在用数为331 158辆，比2005年增加了1倍。2010年鞍山市机动车排放污染物15.4万吨，其中一氧化碳11.7万吨，碳氢化合物1.4万吨，氮氧化物2.0万吨，颗粒物0.2万吨。按照目前鞍山市机动车的增长速度，到2015年机动车在用量将达到48万辆，每年排放约17万吨一氧化碳、2万吨碳氢化合物、3万吨氮氧化物和0.3万吨颗粒物。机动车的快速增长，不仅使城市的拥堵情况更加严重，由机动车排放造成的环境污染也在日益加重。①

六、产业结构对环境质量的负面影响

尽管鞍山市产业结构调整取得了一定的成果，但作为钢铁工业大市，由于历史遗留问题，在产业结构上重工业比例仍然过高，结构性矛盾仍然突出。2010年全市GDP总量达到2 200亿元，比2005年翻了一番多，第一、二、三产业地区生产总值结构比例为4.3∶53.7∶42，工业增加值占地区生产总值的比例达51.6%，仍为国民经济发展的支柱产业。根据历年统计，鞍山市重工业企业单位数占全市工业总数的75%以上，工业总产值占全市工业的90%以上，工业增加值占全市工业的90%以上。因此，鞍山市支柱产业大多为重污染行业，以钢铁冶炼、煤化工、矿产资源、煤炭消耗为重点的资源能源消耗型产业结构没有得到根本改善，第二产业在国民经济中的比例偏大，轻重工业比例失衡，结构性环境污染问题仍然严重。重工业企业在促进鞍山市经济发展的同时，对环境质量也造成了较大影响。2010年鞍山市工业废气排放量为4 842亿立方米，其中重工业废气排放量占总量的99%以上。

① 参考《2011年鞍山年鉴》。

全市工业二氧化硫、烟尘和工业粉尘排放量分别为 8 314 吨、30 205 吨和 25 782 吨,其中重工业排放的比例分别占工业排放量的 96%、95.5% 和 99.5%。[1]

2010 年全市工业废水排放量为 5 548 万吨,重工业 80% 以上。根据污染源分析,黑色金属冶炼及压延加工业为鞍山市环境空气主要污染行业,其废气等标污染负荷占全市总负荷的 56.8%。黑色金属冶炼及压延加工业为鞍山市废水主要污染行业,其废水等标污染负荷占全市总负荷的近 63.5%。鞍山市的黑色金属矿采选业和非金属矿物制品业,除了矿石开采、运输和存放产生了大量的二次扬尘对环境空气造成严重污染以外,还排放了大量工业固废,对生态环境也造成了破坏。

七、市区工业布局仍不合理,矿区扬尘污染严重

鞍山市区工业布局面临的最大问题是:鞍钢在城中,矿区在周边。鞍钢厂区面积 26 平方千米,占主城区面积的五分之一,紧邻市区且坐落于鞍山市的西北方向,涵盖了发电、化工、炼铁、炼钢、轧钢、耐火等生产工艺,污染物排放量大,一些工序仍存在无组织排放现象,进入冬季,风向以北风为主,市区处于下风向,在逆温天气下鞍钢对市区尤其是铁西地区的环境影响十分明显。鞍山市区矿区面积近 40 平方千米,包括东鞍山铁矿矿区、西鞍山矿区、大孤山铁矿矿区、齐大山铁矿矿区、东鞍山铁矿尾矿库、大孤山铁矿尾矿库、齐大山铁矿风水沟尾矿库、齐大山铁矿周家沟尾矿库、东鞍山烧结厂尾矿库等,尾矿堆积量近 7 亿吨。矿山采矿区、尾矿库及排岩场位于市区的南、东南、东和东北四个方向,每年排放 3 万多吨粉尘,对矿区周边环境产生了严重污染,同时也影响了市区环境空气质量。

八、能源结构对市区环境质量的影响

鞍山工业产业结构不尽合理,高耗能产业比重大,形成了重工业偏重、轻工业偏轻的态势。因此,鞍山市工业企业污染仍比较突出。鞍山市能源消耗以煤炭为主,煤炭消耗量占一次性能源构成的近 60%。由于经济的快速发展,近 5 年鞍山市的煤炭消耗也持续增加,根据环境统计结果,2010 年全市煤耗高达 1 801 万吨,比 2005 年增加近 10%,能源结构不合理导致鞍山市煤烟型空气污染较为严重。以耗煤为主的能源结构使鞍山市环境空气质量承载了巨大压力,而以鞍钢集团为代表的重工业主导的产业结构,又加重了鞍山市空气污染的程度。从煤耗的区域分布来看,鞍山市耗煤比例最大的区域为鞍钢集团所在的铁西区,占总煤耗的 74%。鞍钢集团排放的 SO_2 占全市 SO_2 排放总量的 30%,烟粉尘排放量占全市排放总量的

① 参考《2011 年鞍山年鉴》。

60%。根据尘源解析结果，燃煤过程产生的煤烟尘对市区颗粒物的年浓度贡献率为30%，对市区SO_2的年浓度贡献率为60%以上，所以治理燃煤污染是解决鞍山市空气污染问题的关键。①

九、城市居民生态环境意识需要进一步提高

生态环境意识是城市居民在自身的日常生活中，实践绿色生活、低碳生活的理念，节约资源、减少污染，爱护自然、美化环境，绿色消费、循环再生。培养城市居民生态环境意识是建设生态城市的重要组成部分，城市居民是城市生态圈中的主体，居民的生产和消费都对城市生态产生直接影响。鞍山市在城市创建过程中，在培养环境、环保意识中开展了许多活动。但是鞍山居民的环境意识仍然需要进一步的提高。鞍山城市居民的日常生活习惯直接影响着城市生活环境。如鞍山市街道经常有行人丢弃的食物包装；市民经常没有将垃圾分类就投进垃圾桶中；在站前的一些区域小商贩产生的油污等食品经营产生的污渍大量污染街面和行人道，不仅产生难闻的臭气，还影响美观；大量的非法小广告占满了沿街的路面、广告牌、墙面、电线杆。这些城市"牛皮癣"严重影响了城市的形象，加大了城市环卫工人的工作强度，也使得城市管理的成本增加。这种种现象体现出城市居民在生态环境意识中的不足之处。

第三节　鞍山市生态城市建设重点

一、鞍山市工业污染治理

根据鞍山市的自然条件特点、工业区布局的现状以及工业结构特点，在鞍山市生态城市建设的过程中，首先，应重点对工业污染进行治理。鞍山市的工业污染严重影响到鞍山市的空气、土壤、河流质量。鞍山市的重工业主要是消耗矿产资源，煤炭资源为重点的资源、能源型产业，包括矿山采选、黑色金属冶炼及压延业、非金属矿物制品加工、化学原料及化学制品制造、石油加工及炼焦。这些工业的存在造成鞍山市工业结构性环境污染。其次，由于工业布局的不合理性，鞍山市城市北边有羊草庄、灵山、立山工业区，南边有陶南、铁西区、高新区西区工业区，在工业区与市区之间没有缓冲、阻碍地区，在鞍山市的主导风向偏北风和偏南风下，将工业区产生的空气污染物吹向市区，严重影响市区空气质量。除此之外，鞍钢主产区紧邻

① 崔锡训．社会经济发展对鞍山市环境质量的影响分析[J]．环境科学与管理，2013；38(2)，70－72．

市区,排放污染源多,污染强度大,对市区空气质量造成巨大影响。鞍山市工业固体废物综合利用率低,处置场所及监管体系尚不规范。鞍山市工业固废年产生量近3 000万吨,但综合利用率仅为24%,大量固体废物主要靠尾矿坝或堆存处置,不仅占用土地,且造成大量的污染物流失。鞍山市工业污水排放严重污染鞍山地区的河流水系,使得鞍山市附近河流水质半数为劣五类水质。

二、城市居民的生态环境意识培养

生态城市建设,关键在于人,在于城市居民的意识。目前国际上倡导的绿色生活方式要求遵循“5R”原则(“Reduce”节约资源,减少污染;“Reevaluate”绿色消费,环保选购;“Reuse”重复使用,多次利用;“Recycle”分类回收,循环再生;“Rescue”保护自然,万物共存)。生态城市建设也必须倡导绿色生活,遵循“5R”原则。鞍山市经过多年的城市环境保护建设和创城工作,居民对环境保护已经有基础的了解,有了一定的生态环境意识。鞍山市的各种媒体、学校、社区、政府部门等组织通过各种活动积极宣传绿色环保生活。但是一种生活的理念、习惯的培养不是一朝一夕就能成型的,需要经过长时期的宣传和引导,对城市居民形成一种潜移默化的影响,而且由于不同时代出生的城市居民的接受程度不同,因此对全市人民的生态意识的建设可谓是困难重重。

三、控制机动车增长,发展公共交通

鞍山经济的快速发展,城市居民经济条件改善,以及国家汽车工业发展的需要,使得最近几年鞍山机动车辆的保有量持续增加。截至2012年,鞍山市全市民用汽车保有量达到32.7万辆(包括三轮汽车和低速货车),比上年增长10.8%。其中,私人汽车23.0万辆,增长15.0%。全市民用轿车保有量16.1万辆,增长16.7%。从增速上看,鞍山市私人轿车的数量正在迅猛增加,这也是鞍山道路交通情况下降的主要原因。“十一五”“十二五”期间,鞍山市加强了城市道路建设,加宽主干道,新修城市环线,新修主干道等,但即使在这样的条件下,鞍山的城市道路仍面临日趋增加的机动车辆数量的巨大压力。除此之外,大量城市机动车尾气的排放也造成了城市严重的空气污染、热岛效应,成为鞍山市影响城市空气质量的又一大因素。因此,鞍山市发展便利快捷的公共交通,提高市民公交出行率成为解决这一问题的有效途径之一,而且发展绿色高效的公共交通是生态城市建设的一大重点。城市公交系统作为城市居民公共交通重要组成部分,对公交进行全面规划、科学布置、精心施工,形成方便快捷、高效低碳、人性化的公交体系,有利于促进市民选择公交出行。但是目前鞍山市公交交通设施滞后于人口、经济、环境的发展。据鞍山公交公司发布的信息,截至2011年年底,公交营运车辆1 556台,营运线路

54 条,线路总长 732. 4 千米;2010 年鞍山市属出租车 5 376 辆。现阶段的公交运营体系无法满足鞍山市城市居民的日常出行。

四、合理的城市发展规划

城市规划决定城市未来的发展和布局,是城市发展的蓝图和建设管理的依据。生态城市建设亦应从城市规划入手。在城市规划发展时要确立以人为本、人与自然和谐以及资源节约型、环境友好型社会建设等思想。鞍山市原有的城市发展规划未能满足城市的快速发展,在工业区的布局上没有充分考虑到工业区中工业企业产生的工业污染物对鞍山市区以及周围生态环境的影响。鞍山市城市的快速发展,使得原有规划的污水处理厂无法满足鞍山市发展的需要,鞍山市 2012 年污水处理率只有 86. 1% 。

五、工业产业结构深化和调整

鞍山市作为钢铁工业大市,在工业比重中,以煤化工、矿物加工、石油化工、机械制造等高耗能高污染的工业企业为主。鞍山市通过发展精特钢及钢铁深加工产业、装备制造及工业自动化、菱镁特色新材料、化工新材料、光电光伏等产业,改变了钢铁工业一支独大的局面。鞍山市在工业结构深化和调整中获得了许多成就。但是这样的工业结构调整只是工业产品的调整,并未对鞍山市的能源消耗和工业污染结构进行调整。高经济附加值、低耗能、低污染的工业产业在工业结构中所占的比重仍然较低。提高第二产业中科技创新企业、高科技术企业、绿色节能企业所占产值的比重是鞍山市建设生态工业的重要工作。

六、污染河流水系的治理

鞍山市多年平均水资源总量为 28. 64 亿立方米,人均水资源占有量 825 立方米,为全国水平的 37% 。2011 年全市年用水量 12. 02 亿立方米。其中农业灌溉用水 6. 30 亿立方米,占总用水量的 52. 4% ;工业用水 3. 16 亿立方米,占总用水量的 26. 2% 。农业和工业生产需要大量的用水,但是鞍山超过一半以上的河流水是不能用于工农业生产的。在这样的水资源矛盾下,如何通过治理鞍山区域河流水系的污染,改善水质以满足工农业生产,缓解用水矛盾是鞍山是建设生态水环境的重要课题。

第四节　鞍山市城市建设的工作难点

1. 城市水资源的循环利用

在生态城市建设中要着力构建城市区域水循环系统，将污水资源化循环利用和节水、节能紧密结合，实行水环境综合管理，大力提升水环境质量，构建和谐水系。鞍山市中用于洗车、环境绿化、马桶冲洗、公共清洁等不需要饮用水级别的水资源占水资源消耗的绝大部分，造成了水资源的巨大浪费，加剧了水清洁成本，还给城市饮用水供给系统造成了巨大的压力。因此城市在建设生态城市应通过建立水资源的分级利用的体系合理利用各个级层的水资源。

2. 鞍钢的节能减排工作

基本的生态环境质量是生态环境的基础，而工业污染物的排放是影响环境质量最重要的因素之一。鞍钢主厂区位于鞍山市中心，几乎占整个鞍山市区的四分之一，作为大型工业企业，鞍钢公司煤炭消费量巨大，其排放出的污染物多。据统计，2010 年，鞍钢集团公司及矿山公司的煤炭消费量高达 1 400 多万吨，占整个鞍山市煤炭消费量 80% 左右，二氧化硫、氮氧化物、烟尘、工业粉尘等大气污染物排放量，分别占全市这 4 种主要污染物排放总量的 34.5%、46.7%、45.1% 和 44.2%。在这样的情况下，如此巨大的废物排放量，严重影响了市区的生态环境。①

“十一五”期间至今，鞍钢在企业环境治理中取得了巨大的成就，但是由于钢铁工业行业的特性，摆脱不了高耗能，高排放的现状。鞍钢现在的企业现状，源于中国工业历史发展问题，也是鞍钢这座城市在生态城市建设中的重点和难点。坐落于鞍山市中心的鞍钢，需要通过更多的努力，更大的改革，来支持鞍山生态城市建设。

本章小结

鞍山市虽然没有正式提出建设生态城市，但是鞍山市在城市生态环境、生态人文、生态经济等方面取得过诸多成就和荣誉。本章初步的总结鞍山市在不同时期内，生态建设中的工作和成果。这些成果是鞍山市在建设生态城市的前期基础和历史经验。本章将鞍山在城市建设过程中关于城市生态方面的建设分为两个阶段，这两个阶段根据鞍山市城市建设过程不同的时期的工作和获得的成果区分。

① 资料来源于“鞍钢治污资金缺口近百亿元”，http://www.ceh.com.cn/ceh/jryw/2012/3/13/103126.shtml。

根据梳理鞍山市在不同时期在生态工业、生态交通、生态农业、生态旅游业、生态水环境、城市污染基础设施建设、空气污染等方面的建设获得的成果，分析了鞍山市在建设生态城市过程中面对的一些问题，以及在今后生态城市建设中的一些重点和难点。

第五章　鞍山市生态城市建设能力的评价与分析

第一节　生态城市建设指标体系

构建鞍山生态指标体系，一方面可以帮助决策者和社会大众了解城市各生态环境建设的总体情况，另一方面则可以监测生态环境建设不同方面的动态，反映建设成绩和发展瓶颈，从而找出存在的问题并重点解决，对下一年度或未来某时段生态环境建设的开展以及国民经济及社会发展规划的制定提供参考依据。

一、指标体系构建原则

在制定指标体系时，必须要有制定的原则以保证指标体系的科学准确、全面综合以及容易操作等特点，为制定科学的林业发展规划奠定坚实的基础。确定这些指标所遵循的原则主要有以下五点。

1. 系统性与代表性相结合的原则

因为城市生态系统是一个复杂的自然－社会－经济复合系统，所以建设生态城市所构建的指标体系必须要全面反映城市的自然、社会、经济属性及其内部相互影响、相互制约的关系，同时还要反映其局部的、简单的特征。由于城市系统是一个复杂的结构，所以我们只能通过抓住反映生态城市中关键问题的代表性指标、构建简明完备的指标体系来刻画出生态城市的轮廓。

2. 共性与个性相结合的原则

每个城市都有不同于其他城市的特色。对于不同城市，指标的设计必须在承认存在共性的同时，肯定其个性。因此，在构建鞍山生态城市建设的指标体系时，就必须在考虑全国多数城市构建的指标体系基础上，充分考虑鞍山市的具体特点和特色。这样确定的指标体系才能够保证全面且独特。

3. 科学性与可操作性相结合原则。

生态城市建设是一项长期的工作，生态环境的改善更是一项复杂的工程，任何不切实际的指标都会影响生态建设的步伐。因此指标的确定必须以科学为根本，突出科学性原则，保证指标的科学性的同时，达到超前性和新颖性。同时要求指标的计算方法必须科学有效。指标应具备可操作性，既要具备可约束性，又要具备可分解性，可从城市层面分解到行业、企业、社区、家庭各个层面，此外指标的可考核性和数据的可获得性也要兼具。

4. 全面性与重要性相结合的原则

在生态城市建设指标体系的构建过程中，必须使用能够全面反映城市综合面貌的指标，同时也必须强调使用有效的指标来反映问题，突出重要性。

5. 动态性与相对稳定性

指标体系中的指标对时间、空间及系统结构的发展变化须具有一定的反应度，可以反射出整个社会的努力方向及重视度、可持续发展的态势。同时，因为生态城市建设和规划是一个长期的过程，故所有指标必须在一定时期内对其城市发展具有存在和指导意义，短期内出现的问题都不给予考虑。因此，动态性和相对稳定性相互协调、统一存在于指标体系的构建原则，二则相互制约、缺一不可。

二、鞍山生态城市指标体系构建

国家 2008 年颁布的《生态县、生态市、生态省建设指标（修订）》中明确指出：生态市（含地级行政区）是社会经济和生态环境协调发展，各个领域基本符合可持续发展要求的地市级行政区域。其主要标志是：生态环境良好并不断趋向更高水平的平衡，环境污染基本消除，自然资源得到有效保护和合理利用；稳定可靠的生态安全保障体系基本形成；环境保护法律、法规、制度得到有效的贯彻执行；以循环经济为特色的社会经济加速发展；人与自然和谐共处，生态文化有长足发展；城市、乡村环境整洁优美，人民生活水平全面提高。

表 5 - 1 给出了 2008 年《生态县、生态市、生态省建设指标》中生态市建设指标及评价标准，本研究对鞍山生态城市建设能力评价采用上述指标，考虑到数据的可获得性，剔除了少数难以获得的指标。

在此，对表 5 - 1 中的各指标进行如下解释。

表5-1　2008年《生态县、生态市、生态省建设指标》生态市建设指标

	序号	名称	单位	指标	说明
经济发展	1	农民年人均纯收入 经济发达地区 经济欠发达地区	元/人	≥8 000 ≥6 000	约束性指标
	2	第三产业占GDP比例	%	≥40	参考性指标
	3	单位GDP能耗	吨标煤/万元	≤0.9	约束性指标
	4	单位工业增加值新鲜水耗 农业灌溉水有效利用系数	m^3/万元	≤20 ≥0.55	约束性指标
	5	应当实施强制性清洁生产企业通过验收的比例	%	100	约束性指标
生态环境保护	6	森林覆盖率 山区 丘陵区 平原地区 高寒区或草原区林草覆盖率	%	≥70 ≥40 ≥15 ≥85	约束性指标
	7	受保护地区占国土面积比例		≥17	约束性指标
	8	空气环境质量	—	达到功能区标准	约束性指标
	9	水环境质量 近岸海域水环境质量	—	达到功能区标准，且城市无劣V类水体	约束性指标
	10	主要污染物排放强度 化学需氧气（COD） 二氧化硫（SO_2）	千克/万元（GDP）	<4.0 <5.0 不超过国家总量控制指标	约束性指标
	11	集中式饮用水源水质达标率	%	100	约束性指标
	12	城市污水集中处理率 工业用水重复率	%	≥85 ≥80	约束性指标
	13	噪声环境质量	—	达到功能区标准	约束性指标
	14	城镇生活垃圾无害化处理率 工业固体废物处置利用率	%	≥90 ≥90 且无危险废物排放	约束性指标
	15	城镇人均公共绿地面积	m^2/人	≥11	约束性指标
	16	环境保护投资占GDP的比重	%	≥3.5	约束性指标
社会进步	17	城市化水平	%	≥55	参考性指标
	18	采暖地区集中供热普及率	%	≥65	参考性指标
	19	公众对环境的满意率	%	>90	参考性指标

1. 农民年人均纯收入

指乡镇辖区内农村常住居民家庭总收入中,扣除从事生产和非生产经营费用支出、缴纳税款、上交承包集体任务金额以后剩余的,可直接用于进行生产性、非生产性建设投资、生活消费和积蓄的那一部分收入。

2. 第三产业占 GDP 比例

第三产业占 GDP 比例指第三产业的产值占国内生产总值的比例。计算公式为:

$$\text{第三产业占 GDP 比例} = \frac{\text{第三产业产值}}{\text{国内生产总值(GDP)}} \times 100\%$$

3. 单位 GDP 能耗

单位 GDP 能耗指万元国内生产总值的耗能量。计算公式为:

$$\text{单位 GDP 能耗} = \frac{\text{总能耗(吨标煤)}}{\text{国内生产总值(万元)}}$$

4. 单位工业增加值新鲜水耗、农业灌溉水有效利用系数

工业用新鲜水量指报告期内企业厂区内用于生产和生活的新鲜水量(生活用水单独计量且生活污水不与工业废水混排的除外),它等于企业从城市自来水取用的水量和企业自备水用量之和。工业增加值指全部企业工业增加值,不限于规模以上企业工业增加值。计算公式为:

$$\text{单位工业增加值新鲜水耗} = \frac{\text{工业用新鲜水量}(m^3)}{\text{工业增加值(万元)}}$$

5. 应当实施强制性清洁生产企业通过验收的比例

《清洁生产促进法》规定:污染物排放超过国家和地方规定的排放标准或者超过经有关地方人民政府核定的污染物排放总量控制标准的企业,应当实施清洁生产审核;使用有毒、有害原料进行生产或者在生产中排放有毒、有害物质的企业,应当定期实施清洁生产审核。同时规定,省级环保部门在当地主要媒体上定期公布污染物超标排放或者污染物排放总量超过规定限额的污染严重企业的名单。由于鞍山相关数据难以获得,在此剔除。

6. 森林覆盖率

森林覆盖率指森林面积占土地面积的比例。高寒区或草原区林草覆盖率是指区内林地、草地面积之和与总土地面积的百分比。计算公式为:

$$\text{林草覆盖率} = \frac{\text{林草地面积之和}}{\text{土地总面积}} \times 100\%$$

7. 受保护地区占国土面积比例

受保护地区占国土面积比例指辖区内各类(级)自然保护区、风景名胜区、森

林公园、地质公园、生态功能保护区、水源保护区、封山育林地等面积占全部陆地（湿地）面积的百分比，上述区域面积不得重复计算。

8. 空气环境质量

空气环境质量指辖区空气环境质量达到国家有关功能区标准要求，目前执行GB 3095—1996《环境空气质量标准》和HJ 14—1996《环境空气质量功能区划分原则与技术方法》。考虑到数据的可获性，在此采用一年中空气污染指数为II级（优良）达标天数。

9. 水环境质量、近岸海域水环境质量

水环境质量、近岸海域水环境质量按规划的功能区要求达到相应的国家水环境或海水环境质量标准。目前采用GB 3838—2002《地表水环境质量标准》、GB/T 14848—93《地下水环境质量标准》和GB 3097—1997《海水水质标准》。考虑到数据的可获得性，在此采用污水排放量。

10. 主要污染物排放强度

主要污染物排放强度指单位GDP所产生的主要污染物数量。按照节能减排的总体要求，本指标计算化学需氧量（COD）和二氧化硫（SO2）的排放强度。计算公式为：

$$\text{主要污染物排放强度}=\frac{\text{全年 COD 或 }SO_2\text{ 排放总量（千克）}}{\text{全年国内生产总值（万元）}}$$

COD和SO_2的排放不得超过国家总量控制指标，且近三年逐年下降。

11. 城市污水集中处理率、工业用水重复率

城市污水集中处理率是指城市市区经过城市污水处理厂二级或二级以上处理且达到排放标准的污水量与城市污水排放总量的百分比。计算公式为：

$$\text{城市污水集中处理率}=\frac{\text{城市污水处理厂处理污水量（万吨）}}{\text{城市污水排放总量（万吨）}}\times 100\%$$

工业用水重复率指工业重复用水量占工业用水总量的比值。计算公式为：

$$\text{工业用水重复率}=\frac{\text{工业重复用水量}}{\text{工业用水总量}}\times 100\%$$

12. 噪声环境质量

噪声环境质量指城市区域按规划的功能区要求达到相应的国家声环境质量标准。目前采用GB 3096—93《城市区域环境噪声标准》，在此采用市区噪声昼间平均等效声级。

13. 城镇生活垃圾无害化处理率、工业固体废物处置利用率

城镇生活垃圾无害化处理率指城市及建制镇生活垃圾资源化量占垃圾清运量的比值。工业固体废物处置利用率指工业固体废物处置及综合利用量占工业固体

废物产生量的比值。无危险废物排放。有关标准采用 GB 18599—2001《一般工业固体废弃物储存、处置场污染控制标准》、GB 18485—2001《生活垃圾焚烧污染控制标准》、GB 16889—1997《生活垃圾填埋污染控制标准》。

14. 城镇人均公共绿地面积

城镇人均公共绿地面积指城镇公共绿地面积的人均占有量。公共绿地包括公共人工绿地、天然绿地,以及机关、企事业单位绿地。

15. 城市化水平

城市化水平指城镇建成区内总人口占地区总人口的比重。计算公式为:

$$\text{城市化水平}=\frac{\text{城镇建成区内总人口数}}{\text{市(县)总人口数}}\times 100\%$$

16. 集中式饮用水源水质达标率、村镇饮用水卫生合格率

集中式饮用水源水质达标率是指城镇集中饮用水水源地,其地表水水源水质达到 GB 3838—2002《地表水环境质量标准》III 类标准和地下水水源水质达到 GB/T 14848—1993《地下水质量标准》III 类标准的水量占取水总量的百分比。计算公式为:

$$\text{集中式饮用水源水质达标率}=\frac{\text{各饮用水水源地取水水质达标量之和}}{\text{各饮用水水源地取水水质达标量之和}}\times 100\%$$

第二节　鞍山市生态城市建设能力评估

一、数据的收集

根据表 5 - 1 的指标解释,收集 2008—2012 年相关原始指标数据,计算表 5 - 1 指标数据。数据的主要来源于《鞍山统计年鉴》、鞍山统计公报(2008—2012)等,数据见表 5 - 2。

表 5 - 2　2008—2012 年鞍山生态城市建设相关指标

年份	农民年人均纯收入/元	第三产业占 GDP 比重/%	单位 GDP 能耗	工业增加值新鲜水耗	森林覆盖率	空气质量(Ⅱ级达标天数)
2008	7 290	40. 18	/	12. 46	46. 4	307
2009	8 094	42. 44	/	18. 70	46. 4	292

表 5－2（续）

年份	农民年人均纯收入/元	第三产业占 GDP 比重/%	单位 GDP 能耗	工业增加值新鲜水耗	森林覆盖率	空气质量（Ⅱ级达标天数）
2010	9 250	41.3	2.355 776	17.97	46.4	321
2011	11 146	41.62	1.847 448	16.97	46.4	324
2012	12 617	43.02	/	11.03	46.4	350
年份	水环境质量（废水排放量/万吨）	市区昼间噪音平均等效声级	市区夜间噪音平均等级声级	SO/GDP	COD/GDP	饮用水达标率/%
2008	5 319	/	/	5.53	4.09	100
2009	7 725	/	/	5.29	3.85	100
2010	5 548	60	55	/	4.19	100
2011	5 034	60	55.6	/	4.2	100
2012	/	61	56.6	/	4	100
年份	污水集中处理率	工业用水重复率	城市垃圾处理率	固废处理利用率	城镇人均公共绿地面积	城市化水平/%
2008	0.5	0.8	/	/	9.55	50.42
2009	0.5	0.8	/	17.94	9.62	50.43
2010	0.5	0.8	/	19.8	11.01	50.31
2011	0.5	0.8	/	/	11.29	49.60
2012	0.9	0.8	/	/	12.05	49.78

二、鞍山生态城市各指标结果与国家标准对比

表 5－1 给出了生态市指标及相应的评价标准，在此结合表 5－1 和表 5－2 对鞍山市各生态指标与相应的国家标准进行对比评价。

（1）经济发达地区农民纯收入大于或等于 8 000 元，则认为该地区该指标达到生态城市建设标准。从表 5－2 可以看出，2008 年以前鞍山市农民纯收入少于 8 000 元，没有达到国家生态城市建设标准，2008 年以后鞍山农民纯收入大于 8 000 元，该指标达国家标准。

(2)根据生态市指标相应标准,第三产业占比大于40%即认为达到生态城市建设标准。由表5－2可以看出,2008年至今,鞍山第三产业占比均大于40%,达标。

(3)单位GDP能耗小于等于0.9达标,从表5－2可以看出,2010年鞍山单位GDP生态能耗为2.35吨标煤/万元、2011年减少到1.8吨标煤/万元,但仍大于0.9,没有达国家标准。

(4)工业增加值新鲜水耗小于等于20达标,表5－2显示,2008—2012年鞍山工业增加值新鲜水耗均少于20,该指标达到国家要求标准。

(5)丘陵地区森林覆盖率达40%认为该指标达到国家标准,鞍山市森林覆盖率为46.4%,该指标达到国家标准。

(6)空气质量的评价我们采用一年中空气污染指数为II级(优良)达标达标天数。从表5－2可以看出2008年至今,空气污染指数为优良级的天数约330天,且空气质量逐年改善。考虑到数据的可得性,水环境指标的评价指标采用的是污水排放量,从该指标可以看出近年来水环境质量改善不太明显。

(7)噪音环境质量的评价标准选用城区昼间噪音平均等级和夜间平均等级。《中华人民共和国城市区域噪声标准》中则明确规定了城市五类区域的环境噪声最高限值:疗养区、高级别墅区、高级宾馆区,昼间50 dB、夜间40 dB;以居住、文教机关为主的区域,昼间55 dB、夜间45 dB;居住、商业、工业混杂区,昼间60 dB、夜间50 dB。由表5－2可以看出,无论是昼间还是夜间,鞍山市噪音环境均超过国家标准的最高限制。

(8)主要污染物的排放强度标准为:单位GDP化学需氧量(COD)小于4、单位GDP二氧化硫(SO_2)小于5达到国家标准。2009年鞍山是单位GDP化学需氧量(COD)小于4,其余四年数据均大于4,由此可见水污染物的排放不稳定,水环境质量不达标。鞍山单位二氧化硫排放强度均大于5。由此可见这两个指标均没有达到国家标准。

(9)鞍山市集中式饮水水质达标率为100%,达到国家标准。鞍山城市污水处理率2012年以前为50%左右,没有达到国家标准。2012年,随着东台、宁远和大孤山三座新建污水处理厂和达道湾污水处理厂提标改造工程同时竣工,鞍山市城区污水处理能力由近10年的20万吨/日增至46万吨/日,提升了26万吨/日,提标改造了20万吨/日。随着污水处理厂的全部运营,鞍山市城区污水处理厂出水将全部达到国家一级A排放标准,城市污水处理率由原来不足50%提升至90%以上。工业用水的重复率为80%左右,达到国家标准。

(10)城镇人均公共绿地面积大于11平方米认为达到国家标准,从表中可以看出2010年以前鞍山人均公共绿地面积少于11平方米,2010年以后随着绿地面积的增加,人均公共绿色面积达国家标准。

(11)城市化水平大于55作为生态城市建设中社会进步的一个参考标准。2008年至今鞍山城市化水平均小于55,没有达到国家要求的标准。

三、鞍山生态城市建设综合评价

利用因子分析法对2008—2012年鞍山生态城市建设做综合评价。运用SPSS 16软件进行分析,共提取三个共因子f1,f2,f3和f4,累积贡献率达96%。

第一个共因子的贡献率为39.96%,其权重为39.96%÷98.54%=0.405

第二共因子贡献率为36.398%,其权重为36.398%÷98.54%=0.369

第三共因子贡献率为12.026%,其权重为12.026%÷98.54%=0.122

第四共因子贡献率为10.153%,其权重为10.153%÷98.54%=0.103

总得分见表5-3。

表5-3 鞍山生态城市建设综合评价

年份	2008	2009	2010	2011	2012	全国
总得分	-0.496 72	-0.383 3	-0.305 94	-0.219 85	0.474 119	0.931 681

从表5-3可以看出,鞍山是生态城市建设仍处于起步阶段,2008到2012年鞍山生态城市建设取得了很大的进步,尤其在2012年得到了长足发展,但与全国生态市建设标准差距还很大,需要进一步建设和完善。

四、鞍山生态资源与环境质量评价

生态资源和生态环境是建立生态城市的基础,因此有必要对鞍山市现有生态资源与环境质量现状进行评价,从而为鞍山生态城市建设提供依据。

1.指标选择

采用生物丰度指数、植被覆盖指数、水网密度指数、土地退化指数、环境质量指数作为评价指标。

(1)生物丰度指数:通过单位面积上不同生态系统类型在生物物种数量上的差异,间接反映被评价区域内生物丰度的丰贫程度。生物丰度指数计算公式为:

生物丰度指数=(0.35×林地+0.21×草地+0.04×建设用地+0.01×未利用土地)/区域面积

(2)植被覆盖指数:通过评价区域内林地、草地、农田、建设用地和未利用土地占评价区域的比重,反应评价区域内植被覆盖的程度。植被覆盖指数计算公式为:

植被覆盖指数 =(0.38×林地面积 +0.34×草地面积 +0.19×耕地面积 +0.07×建设用地面积 +0.02×未利用土地面积)/区域面积。

(3)水网密度指数:通过评价区域内河流长度、水域面积、水资源占有量占评价区域的比重,反映评价区域水的丰富程度。水网密度指数计算公式为:

水网密度指数 = 河流长度/区域面积十湖库面积/区域面积 + 水资源量/区域面积。

(4)土地退化指数:通过评价区域内各种程度的土壤侵蚀面积占评价区域的比重,反映评价区域土地退化程度土地退化指数计算公式为:

土地退化指数 =(0.05×轻度侵蚀面积 +0.25×中度侵蚀面积 +0.7×重度侵蚀面积)/区面积

(5)环境质量指数:通过评价区域受纳污染物负荷,反映评价区域所承受的环境污染压力。环境质量指数计算公式为:

0.4×(100 - Aso2 二氧化硫排放量/区域面积)+0.4(100 - ACOD×CODcr 排放量/区域年降雨量)+0.20(100 - A 固废×回体废物排放量/区域面积)

2. 生态环境等级划分

生态环境指数:反映被评价区域生态环境质量状况的一系列指数的综合指数。生态环境指数(EI)=0.25×生物丰度指数 +0.2×植被覆盖指数 +0.2×水网密度指数 +0.2(100 - 土地退化指数)+0.15×环境质量指数。根据所等数值分为优、良、一般、较差和差五个等级(表 5-4)。

表 5-4 生态环境质量分级

级别	优	良	一般	较差	差
指数	EI≥75	55≤EI<75	35≤EI<55	20≤EI<75	EI<20

3. 数据收集

通过鞍山环境检测中心获得相关数据,见表 5-5、表 5-6、表 5-7。

表 5-5 鞍山土地覆盖类型

指标	总面积/km²	林地/km²	草地/km²	滩涂湿地/km²	水田/km²	旱地/km²
数值	9 258.61	1 028	97.39	262.11	656.52	3 082.41
指标	城镇建设用地	农村居民点	其他建设用地	裸土地	裸岩	
数值	149.23	513.15	141.8	0.511	0.81	

鞍山水资源平均总量18.76亿立方米，人均水资源占有量825立方米，远远低于全国人均水资源2 108立方米的占有量，约为全国人均水资源占有量的39%，仅为世界人均水资源占有量的10%。根据生态遥感调查和水资源办提供的数据，鞍山市全境目前河流总长度3 252千米，湖库面积15.85平方千米，全市平均降水量628毫米。

表5-6　鞍山土地退化数据

指标	轻度腐蚀	中度腐蚀	强度腐蚀	极强
数据	1 865.79	905.96	95.98	102.75
指标	剧烈	强度以上	腐蚀面积	区域面积
数据	83.89	282.52	517	9258.61

4.生态环境评价结果

评价结果表明，鞍山市态环境状况指数分别为52.59，介于35~55之间，生态环境价结论为一般。

表5-7　鞍山生态环境评价结果

指标	生物丰度	植被覆盖	土地退化	水网密度	环境质量	生态环境
数值	38.83	41.45	91.08	18.233	84.82	52.59

第三节　鞍山生态城市建设能力评价结果分析

生态城市的建设一方面要保证经济的发展，另一方面又要促进生态环境的改善，因此经济基础和生态资源、环境质量是鞍山生态城市建设的基础。通过对鞍山生态城市建设能力的评价，我们得到如下结论：

(1)鞍山经济发展已经达到甚至超过国家要求标准，但生态环境建设较为欠缺，距离国家标准还有一定的距离。表5-8给出了鞍山市达到国家生态市建设标准的指标。

从表5-8可以看出，15个指标中，达到国家要求标准的指标有9个，没有达到国家要求标准的指标有6个，其中达标的大部分指标均为经济指标，没达标的大部分为生态环境指标。由此可见，未来生态城市建设的重点应放在生态环境建设上面，在保证经济发展的前提下加强生态环境建设，减少能源消耗、改善水环境、改善噪音环境、减少三废排放、加快城镇化步伐。

表 5－8　鞍山市达到国家生态市建设标准的指标

指标	农民年人均纯收入/元	第三产业占 GDP 比重/%	单位 GDP 能耗	工业增加值新鲜水耗	森林覆盖率	空气质量（Ⅱ达标天数）
结果	达标	达标	没达标	达标	达标	达标
指标	水环境质量（废水排放量/万吨）	市区昼间噪音平均等效声级	市区夜间噪音平均等级声级	SO/GDP	COD/GDP	饮用水达标率/%
结果	/	没达标	没达标	没达标	没达标	达标
指标	污水集中处理率	工业用水重复率	城市垃圾处理率	固废处理利用率	城镇人均公共绿地面积	城市化水平/%
结果	达标	达标	/	/	达标	没达标

（2）通过对鞍山生态资源和环境质量的评价，发现鞍山生态环境水平一般，生物种类欠缺、植被覆盖略低、水资源欠缺，土壤的退化程度不太严重。因此，需要有针对性地加强鞍山生态环境建设。

（3）鞍山生态城市建设仍处于起步阶段，距离国家要求标准还有很大的距离，但也取得了长足的发展。

2008 到 2012 年鞍山生态城市建设取得了很大的进步，生态城市综合评价得分由 －0. 49 提升到 0. 47，但距离国家 0. 93 的得分标准差距还很大，需要继续加强生态城市建设。

本章小结

本章主要是构建鞍山生态指标体系，对鞍山市生态城市建设情况进行评价，收集相关数据，并对数据进行分析。分析结论可以帮助决策者和社会大众了解城市生态环境建设的总体情况，监测生态环境建设不同方面的动态，反映建设成绩和发展瓶颈，从而找出存在的问题并重点解决，为下一年度或未来某时段生态环境建设的开展以及国民经济及社会发展规划的制定提供参考依据。

第六章　鞍山市生态城市建设目标及基本对策

第一节　鞍山市生态城市建设的指导思想、目标及原则

一、鞍山市生态城市建设的目标

鞍山市生态城市建设的目标为:树立和贯彻科学发展观,以可持续发展战略为指导思想,从鞍山市现有资源、环境、经济现状出发,运用生态学原理和系统工程方法进行城市总体规划设计,形成生产空间集约高效、生活空间宜居适度、生态空间山清水秀的发展格局,促进经济发达、社会繁荣、生态保护三者的和谐统一,实现鞍山市经济、社会、生态的协调发展。把生态文明建设放在突出地位,以保护和改善城市环境质量、建设优美宜居的人居环境为出发点,通过优化发展空间布局,积极开展生态环境建设和保护,大力实施青山、碧水、蓝天、净土四项工程,不断提高城市亮化、绿化、净化、美化水平,不断改善人民群众的生活环境,不断增强城市的吸引力。

二、鞍山市生态城市建设的基本原则

根据生态城市的基本特征和鞍山市建设生态城市的基本目标,制定以下五个原则来指导鞍山市生态城市的构建:

1. 以人为本的原则

生态城市的建设要充分体现以人为本的原则,满足人的各种物质和精神需求,创造公平、稳定、和谐、美丽的生存环境。反过来,人的各种生产活动和生活活动都要注意维护环境、保护环境,不能造成对环境的巨大破坏。要实现人与自然、人与社会、人与人的和谐发展,其中人与自然的和谐是基础和条件,人与人的和谐是目标与根本。

2. 可持续发展的原则

鞍山市自然资源丰富，储量最丰富的有铁、菱镁矿、滑石、玉石、理石、石灰石等，其中铁矿探明储量为100亿吨，居全国之首。但在发展中也要坚持可持续发展的原则，力争做到合理利用和资源保护相结合，开发新技术提高资源的利用效率、再生利用效率，发展循环经济，避免通过“掠夺式”发展道路换取城市暂时的“繁荣”，为鞍山市的长远发展奠定坚实的物质基础。

3. 生态优先的原则

在开展生产和生活活动中，当生产、生活与生态出现矛盾时要考虑生态要素，并给予最大限度的保护。

4. 公众参与的原则

生态城市的建设过程中，公众参与是关键，包括参与解决生态问题的决策过程，参与环境管理，参与对环境管理部门以及单位、个人与生态环境有关的行为的监督，自觉规范自身行为，为生态城市的建设做出自己应有的贡献。

5. 长期性的原则

要把鞍山市从重污染的资源型城市建设发展成为美丽宜居的生态型城市，需要几代人甚至几十代人长时期的艰苦努力奋斗才能实现，政府及各企事业单位、城市居民个人要有长远的眼光并做好长期的准备。

第二节　鞍山市生态城市建设的框架思路

第五届国际生态城市大会上发表的行动纲领《深圳宣言》中提出，建设生态城市要从五个层面推进，即生态安全保障、生态卫生实践、生态产业代谢、生态景观整合、生态意识培养。

根据深圳宣言提出的生态城市建设的五个层面，结合鞍山的具体实际情况，来构建鞍山市生态城市建设的总体框架，这些层面可以总结归纳为四个维度：城市生命系统（社会生态）、城市经济系统、人居环境建设（自然生态系统）、生态文化建设。生态城市是一个城市经济生态系统、社会生态系统、自然生态系统的高度协调统一的城市复合生态系统。经济生态、社会生态、自然生态是一个生态城市正常运转的三位一体的三个重要组成要素，三者相互联系、相互影响、相互制约：在经济生态和自然生态的关系中，经济生态系统向自然生态系统提出土地、资源、大气等资源需求，自然生态系统满足经济生态需求并向城市经济发展提供其所需要的资源；在自然生态和社会生态的关系中，社会生态系统在自然生态系统中开展日常活动，自然生态系统向社会生态系统提出保护环境、减少污染的生态需求；在经济生态和社会生态的关系中，社会生态系统向经济生态系统提出消费需求，经济生态系统则通过自己的生产经营活动向社会生态系统提供产品和收入,以保证生态城市的正常运转。在这里,生态要素已经不仅仅是单纯的生态要素,也是重要的经济要素,更是重要的政治要素。

鞍山市城市复合生态系统,见图6-1。

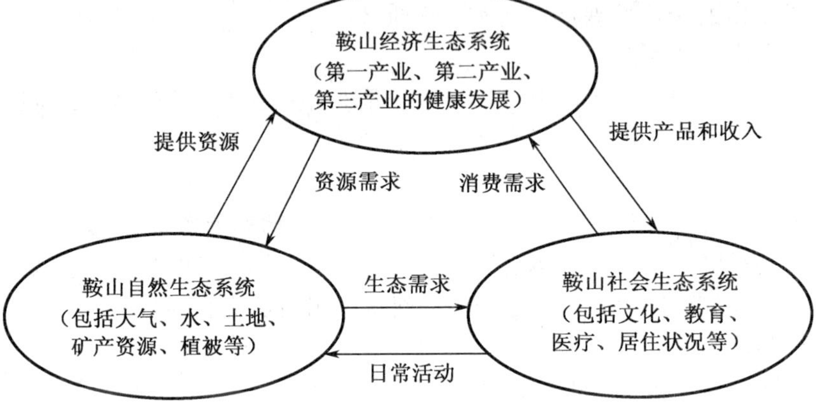

图6-1　经济生态—自然生态—社会生态关系系统图

第三节　鞍山市生态城市建设的基本对策

一、城市生命系统生态化建设

城市生命系统是生态城市建设的支持系统,生态城市的建设主要取决于城市生命系统的发展与活力。城市生命系统是指公众日常生活必不可少的、城市或联合企业的交通、通讯、供电、供水、供气等系统工程而言的,重点包括能源系统、给排水系统、交通系统建设。

1. 能源系统建设

能源系统主要包括电力、煤气、天然气、液化石油气和新兴太阳能设施等,这是建设生态城市的根本所在。

首先,从节约能源的角度对电力和煤气尝试采取阶梯式计量定价方式,居民基本生活的用量采用正常价格或者较低价格,对超过部分采取阶梯高价,达到使用量越多价格越高的目的,价格约束是节约能源的有效手段。阶梯式计价方法能真正体现"使用者付费,少用少付费,多用多付费"的公平原则,拉开不同用电用气量的价格差别，以此来唤醒人们的节约意识。下面以电价为例对阶梯式计量定价方式加以说明：

图6－2为阶梯电价示意图，假定将阶梯电价分为三级，级差系数为1.0∶1.5∶2.0。

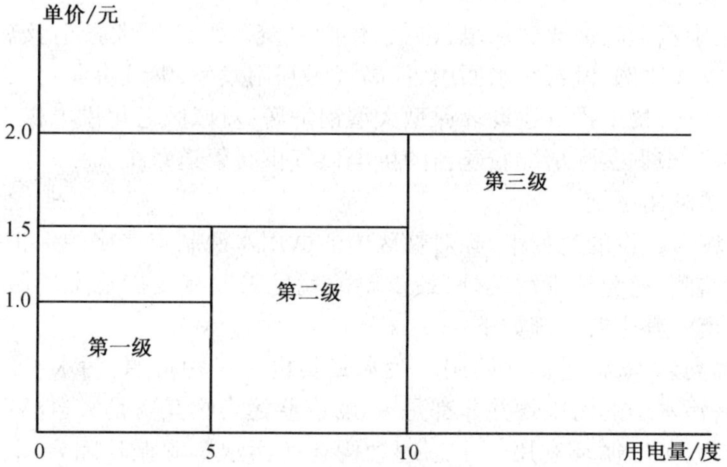

图6－2 阶梯式计量电价

其中，第一级的电量基数，应根据确保居民基本生活用电的原则制定；第二级的电量基数，根据改善和提高居民生活质量的原则制定；第三级电量基数，根据按市场价格满足特殊需要的原则制定。当然，具体各级电量基数由所在城市人民政府价格主管部门结合本地实际情况确定。

阶梯式计量电价的计算公式为：

阶梯式计量电价＝第一级电价×第一级电量基数＋第二级电价×第二级电量基数＋第三级电价×第三级电量基数

居民生活用电计量电价：

第一级电量基数＝每户平均人口×每人每月计划平均消费量

阶梯式计量价格的优点主要表现在：从经济角度来看，阶梯价格的实施将有效地调节稀缺资源与价值的背离；从现实角度来看，阶梯价格的实施可以有效地提高人们的节能意识，避免浪费。

其次，逐步提高天然气和太阳能等清洁能源的比重。扩大天然气使用比重和范围，加快鞍山市液化天然气和液化石油气的建设进度，提高其供应水平。因为天然气是一种洁净环保的优质能源，几乎不含硫、粉尘和其他有害物质，燃烧时产生二氧化碳少于其他化石燃料，造成温室效应较低，因而能从根本上改善环境质量。

积极探索或者引进太阳能技术，扩大太阳能这一最清洁能源的使用范围，如太阳能路灯、太阳能杀虫灯、太阳能便携式系统、太阳能移动电源、太阳能热水器、太阳能灯具、太阳能建筑等，虽然太阳能具有分散性、不稳定性等特征，但只要合理使用，其效果是会很好的。

最后，集中资金改造改建供电、供气、供暖系统。继续扩大鞍钢及热电厂余热水供暖的范围和比例，做到废水回用，提高资源利用效率，继续拆除污染重、能耗大的中小型锅炉房，集中投资建设环保型大型锅炉房；对城区老化供电供气供暖管道进行翻新改造，根据实际情况新建新的供电供气供暖管道系统。

2. 水资源利用系统

在生态城市建设的过程中，除对辖区内的饮用水源制定严格的保护措施，进行严格的水质监测，避免源头污染外，最重要的就是采取有效措施实现污水回用，建设节水型城市。其主要措施如下：

第一，提高认识，促进污水回用。污水其实也是一种资源，污水可以成为再利用的水资源；污水中的污染物并非都是废物，有些污染物其实是大自然循环中不可缺少的营养物，可以循环利用。生态理念构建的污水资源循环闭合图，如图 6－3 所示①。

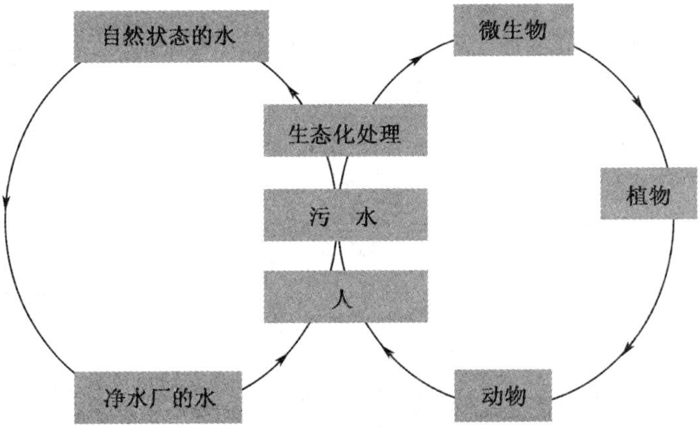

图 6－3　污水资源循环闭合图

这是理想的污水资源循环系统，概括了生态处理城市污水的科学性、系统性，体现了大自然物质循环和理想的天人合一的思想。在城市新建小区或者工厂中可

① 俞建德. 谁动了我的“BOT”[M]. 北京：中国建筑工业出版社，2002.

以采用这种理念指导工程的建设,对减轻城市水环境污染将起到重要作用。以小区或工厂的污水为中心,形成一个生态系统,就地净化处理污水以达到回用标准,这可以减少污水收集管网的铺设,节省大量的投资费用,形成污水治理从一般环保转为生态净化,水污染控制转为水环境的可持续发展①。

第二,根据各地区的具体情况构建污水回用系统。一是构建建筑中水系统,即在一栋或几栋建筑物内建立的中水系统,处理站一般设在裙房或地下室,中水作为冲厕、洗车、道路保洁、绿化等使用。二是构建小区中水系统,即在小区内建立的中水系统。小区中水系统可采用的原水类型较多,如附近的污水处理厂出水、工业洁净排水、小区内杂排水、生活污水、雨水等。系统可采取覆盖全区的完全系统、部分系统和简易系统,充分发挥水的综合利用和环境效益。三是构建城市中水系统,即在城市规划区内建立的城市污水回用系统。城市污水回用系统以城市污水、工业洁净排水为原水,经过城市污水处理及必要的深度处理后,回用于工业用水、城市杂用水、环境用水和补充水源水等②。

第三,根据回用水的不同用途,采取不同的污水处理方法。按作用机理,污水处理方法可分为物理处理法、生物处理法和化学处理法三类。其中物理处理法(通常又被称为一级处理、机械处理或预处理)是通过物理作用分离、回收污水中主要呈悬浮状态的污染物质,在处理过程中不改变污染物的化学性质;生物处理法(通常又被称为二级处理、生化处理或中度处理)是通过微生物的代谢作用,使污水中呈溶解状态、胶体状态以及某些不溶解的有机甚至无机污染物质,转化为稳定、无害的物质,从而达到净化的目的,物理处理法和生物处理法又被称为常规处理法;化学处理法(通常又被称为三级处理、高级处理或深度处理)是通过化学反应和传质作用来分离、回收污水中呈溶解、胶体状态的污染物或将其转化为无害物质的方法③。这三种方法进行污水处理的基本流程见图 6 -4。

污水回用目的的不同对回用水的水质要求也不同,所采用的污水处理方法也不同。如果对回用水水质要求较低,如冲洗街道、消防用水、对水质要求较低的工业用水等,采用物理处理法即可;如果对回用水水质要求较高,如排入水体、绿化、对水质要求较高的工业用水等,采用生物处理法即可;如果对回用水水质要求很高则必须采取化学处理法。

在此基础上,构建理想的城市水循环系统。城市水循环系统应该由城市中与自来水有关的各个组成部分所构成的水物质流、水设施和水活动构成,包括雨水系

① 朱晓林. 中国自来水业规制改革研究[M]. 沈阳:东北大学出版社,2009:216.
② 朱晓林. 中国自来水业规制改革研究[M]. 沈阳:东北大学出版社,2009:216.
③ 朱晓林. 中国自来水业规制改革研究[M]. 沈阳:东北大学出版社,2009:217.

统、水源系统、供水系统、输水系统、用水系统、重复用水系统、排水系统、污水处理系统和污水回用系统，使城市水系统处在良性循环的状态①，见图6－5。

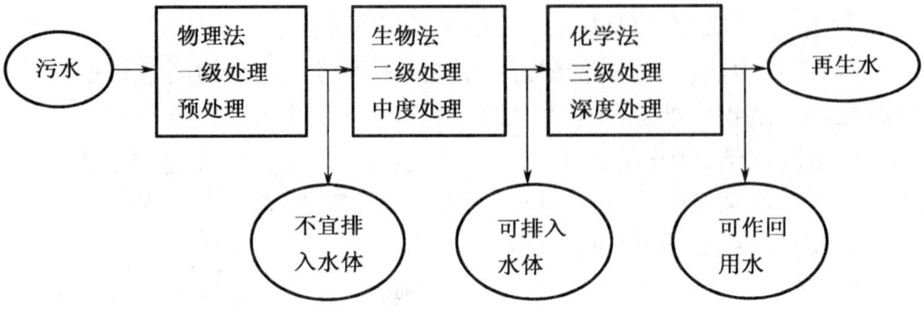

图6－4　污水处理流程图

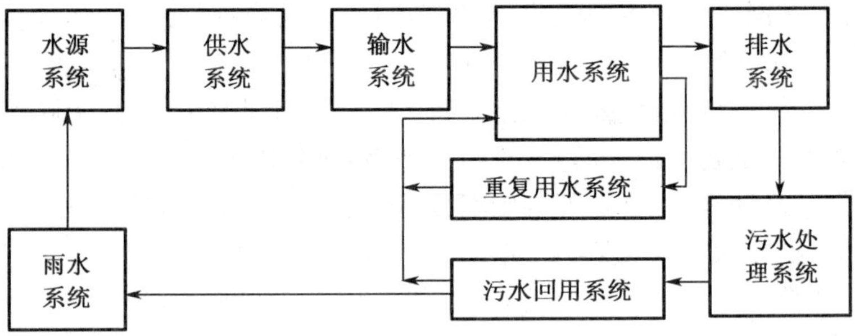

图6－5　理想的城市水循环系统

3. 交通系统

(1)制定绿色交通规划，倡导绿色健康出行方式

鞍山生态交通系统构建的过程中，必须选择兼顾经济、社会和环境三方面的要求，构建有利于节能减排、集约节约用地的可持续交通发展模式。倡导将步行、自行车、公共交通作为市民市内出行的主要方式，尽量减少机动车的出行比例，可以尝试实行“无车日”“单双号通行”等方法，以达到限制机动车出行的目的，这会对减轻交通拥挤，减少环境污染，促进社会公平，合理利用资源起到极大的作用，我们可以借鉴新加坡和伦敦的“拥挤收费”制度、哥本哈根和巴西库里蒂巴市建设“自行车城”的做法，使城市交通走上低成本、低污染的生态发展道路。这就要大力发

① 朱晓林. 中国自来水业规制改革研究[M]. 沈阳：东北大学出版社. 2009；217－218.

展城市公共交通，增加公共交通工具比重，减少市民等车时间，并对公共交通进行合理规划，做到零距离等车、零距离换车。

目前，在鞍山市实施单双号通行还有困难的情况下，可以尝试开展无车日活动。无车日活动是划定一定区域（道路）作为无小汽车区，也可将全市范围作为无小汽车区域，只对行人、自行车、公共汽车、出租汽车、其他公共交通（校车、通勤车等）以及消防车、急救车等特种车辆开放。无车日活动在二十世纪末起源于欧洲，1998 年在法国首次举办，2002 年欧盟委员会作出决定：将每年 9 月 16 日—22 日定为欧洲交通周，其中 9 月 22 日为无车日。之后这项活动迅速在全世界范围内发展起来。到 2010 年，全世界已经有 2 000 个城镇自愿参与了此项活动。2007 年 9 月 22 日，国家住房和城乡建设部首次在全国范围内组织开展“中国城市无车日活动”，首个无车日活动中国共有 110 个城市同时举行。开展无车日活动的主要目的是号召公众减少对小汽车出行的依赖，鼓励人们更多地选择公共汽车、自行车、步行等绿色交通方式出行。这一活动一方面减少了市区交通压力，降低了污染。另一方面也可以唤醒市民的环保意识和健康意识，对交通体系的构建具有重要作用。

（2）采取有效措施降低交通污染

降低交通污染可以尝试采取以下措施：开发新技术和新能源，逐步扩大新能源汽车的比重，加大电动汽车和燃气汽车的比重，且要做好宣传，让广大市民意识到新能源汽车的益处；降低城市交通系统燃油消耗和尾气排放，严格执行机动车尾气达标检测，对不符合标准的要一律进行检修及更换；加强道路修整工作和道路两侧的绿化工作，道路两侧尽可能采取高植被绿化或者加密绿化，这对降低浮沉、空气污染和噪声污染都有很大帮助；为进一步控制城市交通噪声的污染，加快城市禁鸣区建设，将原先的路段禁鸣扩大到区域禁鸣，并用显著标志标明，同时加大交通法制法规建设，对违反相关规定的机动车要进行处罚，对于噪声污染严重的干道加快隔声屏建设，以有效缓解该地区交通噪声扰民的问题。

二、经济生态化建设

1. 资源利用生态化

资源是一个城市存在和发展的基础和源泉，在鞍山市构建生态城市的过程中，资源利用生态化占首要位置。对于鞍山这样一个资源型城市来说要做到资源利用生态化，就要做到以下几点：

（1）坚持“减量、再生、循环”的原则，开发并推广节约资源的新技术、新工艺、新产品和新设备，提高资源的利用效率；

（2）坚持“节约资源，人人有责”的原则，加强节约意识教育，制定相关制度措施来规范，并要有专人监督；

(3)坚持“回收利用、避免浪费”的原则,对废旧产品、生产废弃物实现回收利用,提高资源的再利用效率,在这里可以借鉴国外的做法,如日本工人工作服采取以旧换新、手套采取以支为单位换取的办法,大大节约了资源,也避免了资源的巨大浪费,对建设资源节约型城市极具参考价值;

(4)坚持“谁开发、谁保护,谁污染、谁治理,谁破坏、谁恢复,谁受益、谁补偿”的原则,实现矿产资源开发与矿山环境保护齐抓并管,推进矿山环境保护、环境治理工程和矿区植被恢复工程。

2. 工业生态化建设

鞍山是以钢铁工业为主要支柱产业的工业型城市,也是重污染型城市。鞍山建设生态城市,关键是生态工业的发展。

(1)工业企业特别是污染型企业要加快实施环境经营战略

以鞍山钢铁集团公司为代表的工业企业,应该制定环境友好型企业的发展计划,引入环境经营战略,全面推进工业企业生态化建设。环境经营就是指企业为适应社会经济可持续发展的要求,把环境保护融入企业经营管理的全过程,是使环境保护和企业发展融为一体的企业经营活动。这一概念的核心就是把环境保护作为企业经营的中心环节,本质就是通过环境管理创造价值,目的就是实现经济效益、社会效益和环境效益的和谐统一①。实施环境经营战略要从绿色开采、绿色采购、绿色技术研发、绿色产品设计、清洁生产、绿色营销、绿色物流、绿色消费、绿色回收、绿色厂区建设等几个维度来推进,其中绿色开采是工业企业实施环境经营战略的基础,绿色厂区建设是保障,这样形成的工业企业绿色产业链,如图 6-6。

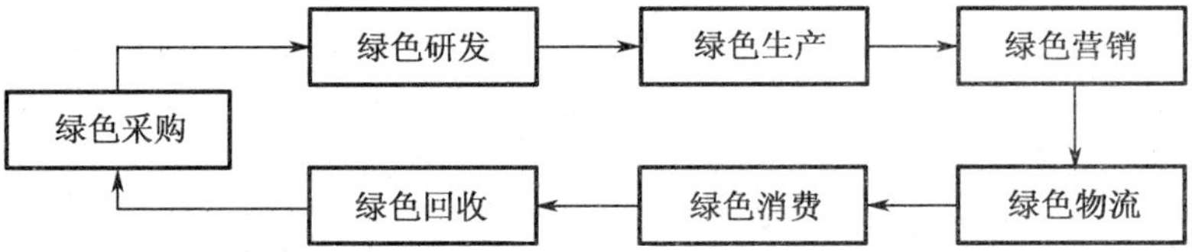

图 6-6 工业企业绿色产业链

(2)大力发展循环经济

鞍山市委市政府要筹集专项资金,鼓励企事业单位、大中专院校开发新技术和设备,积极研究和发展可再生能源,如风能发电、增加天然气使用比例、增加使用太阳能比例等,研究开发节能环保型产品,如节能环保型汽车、节能省地型住宅、节能

① 朱晓林. 钢铁企业环境经营战略的实施[J]. 辽宁科技大学学报,2010(6):583.

环保型家用电器等，提高“废水、废气、固体废弃物”综合利用效率，确保鞍山钢铁公司等主要工业企业的主要循环经济指标达到国家水平。深化具有循环经济发展模式特点的生态工业园区的建设，在鞍山市原有工业生态园区规划和建设的基础上力争在十二五期间建成2～3个高水平的循环经济工业园区。

(3)积极发展和引进高新技术产业和环保型产业，实现与传统工业的互动协调发展

按照国家高新技术发展的领域，结合鞍山市的具体实际情况，积极发展和引进高新技术产业，重点发展电子信息技术产业、生物和新医药技术产业、新型材料技术产业、高技术服务业、新能源及节能技术产业等，并要开发新型技术来改造传统产业。节能环保产业是指为节约能源资源、发展循环经济、保护环境提供技术基础和装备保障的产业，主要包括节能产业、资源循环利用产业和环保装备产业，涉及节能环保技术与装备、节能产品和服务等，节能环保产业包括六大领域：节能技术和装备、高效节能产品、节能服务产业、先进环保技术和装备、环保产品与环保服务。鞍山市要根据自身具体情况和发展优势来选择和发展节能环保型产业。

3.农业生态化建设

目前鞍山农业发展比较迅速，但还存在产业集群规模小、生态环境持续恶化、农产品品质下降、农业废弃物利用率低[①]等问题。在鞍山建设生态农业过程中，要加强河流水域、道路两旁、农田林网的环境综合治理工作，全面改善农村环境。目前在鞍山广大农村已经进行了“千村绿化”工程，农村的生态环境正在发生可喜的变化，这一工程要在原来成绩的基础上继续推进；采取切实可行的方案和方法发展优质农产品，鼓励和支持农业企业和农户发展有机农产品和绿色农产品，建议少使用或者停止使用有残留和有残毒的农药化肥，提倡使用农家肥、有机肥，采用生物防治农作物病虫害技术，确保农产品的绿色品质；大力发展农户庭院生态经济，走种植—养殖—加工—旅游的生态型循环式发展道路，积极开展沼气建设工程，以减少养殖污染；推进农业生态园建设，以腾鳌黄士省级现代农业园区为依托，继续扩大规模，向循环生态型园区发展，力争在“十二五”期间建成2～3个高水平的生态农业园。

4.服务业生态化建设

服务业生态化是生态城市存在和发展的基础和条件，关系到城市居民物质、精神、生态等多样化需要的满足，关系到一个城市生态工业、生态农业乃至整个生态经济的良性发展。生态化服务业主要包括生态商业、生态旅游业。

---

① 韩颖.鞍山地区生态农业发展模式研究[J].现代农业科技.2011(11):312.

(1)生态商业发展

鞍山是辽宁中南部商贸物流中心,商贸业比较发达。在建设生态鞍山工程中,生态商业的建设必不可少,主要工作包括:由商业行政主管部门牵头,协调有关部门定期分析绿色商品消费走势,并定期公布绿色产品销售信息,让老百姓充分了解绿色产品信息,树立绿色企业形象,使绿色产品的销售比例不断上升;引导各商贸企业建立环境管理体系,积极参与 ISO 14000 环境认证,使越来越多的企业获得进入国际市场的"绿色通行证",对取得 ISO 14000 环境认证的企业要进行宣传,让更多的消费者了解相关信息,这对企业对消费者个人都有益处;继续严格推行"限塑令",引导消费者的绿色消费行为,加大对继续使用塑料袋的厂家及个人的惩处力度,严格禁止白色污染;开展环境保护、绿色产品、绿色消费的宣传及普及活动,提高企业员工及消费者的环境保护意识;勇于承担社会责任,对企业经营过程中产生的垃圾、废弃物进行妥善处理,确保企业周边环境不受破坏。

(2)生态旅游发展

生态旅游是以吸收自然和文化知识为取向,尽量减少对生态环境的不利影响,确保旅游资源的可持续利用,将生态环境保护与公众教育同促进地方经济社会发展有机结合的旅游活动。生态旅游是以有特色的生态环境为主要景观的旅游,是以可持续发展为理念,以保护生态环境为前提,以统筹人与自然和谐为准则,并依托良好的自然生态环境和独特的人文生态系统,采取生态友好方式,开展的生态体验、生态教育、生态认知并获得心身愉悦的旅游方式。

鞍山是中国优秀旅游城市,拥有世界第一玉佛、亚洲著名温泉和国家名胜千山,同时素有"中华宝玉之都"和"祖国钢铁之都"的美誉,旅游业已经成为鞍山市城市发展的优势产业和主导产业。发展生态旅游,主要工作包括:发展生态工业游、生态农业游、生态自然游等生态旅游项目;制定和落实旅游区的环保规划,建设和完善旅游区的配套环保设施,努力改善旅游区的环境;坚强旅游区的环境监管,确保旅游区环境质量的显著提升;加强对游客的生态环保意识的教育,使之自觉加入到景区生态维护过程中来。

三、人居环境生态化建设

2012 年 7 月 9 日,鞍山市获得国家森林城市称号,实现了钢铁资源型城市向森林型城市的华丽转身,这是鞍山市 2011 年开始实施的青山工程、碧水工程、蓝天工程三大环境工程的阶段性成果,说明鞍山的人居环境已经大为改善。但我们也应该看到,这和生态城市的要求和标准还有差距,为此鞍山在人居环境的改善方面还应重点抓好以下几项工作。

1. 继续全面推进青山、碧水、蓝天工程,使三大工程覆盖鞍山全市,受益于全体鞍山人民。

鞍山市是全省唯一的青山工程示范市，鞍山市在构建生态鞍山的过程中应该加快青山工程步伐。在国家森林城市获批后继续强化"还绿""造绿""护绿""管绿"，综合整治破坏的矿山，力争3年全部恢复山体生态；加大植树造林力度和范围，完成小开荒还林、坡耕地和沙化地还林工程；严格保护城市山体环境和山林资源，建设封山禁牧围栏；同时强化青山保护和管理，力争全市森林覆盖率达到48%以上。

要大力实施碧水工程：推进大孤山、宁远、达道湾等污水处理厂建设和提标改造，推进污泥处理厂建设，力争在全市形成63.5万吨污水日处理能力；推进南沙河、杨柳河、海城河、五道河河道综合整治工程建设；推进大麦科人工湿地建设和大张、红庙子、京沈桥湿地综合整治；切实保护三岔河湿地自然保护区，完成辽浑太三大河鞍山段水污染治理任务，逐步恢复河水自净能力。

要大力实施蓝天工程：重点推进鞍钢东烧、后英钢铁和恒盛铸业等7台烧结机脱硫设施建设，推进燃煤锅炉脱硝和低氮燃烧设施建设；大力发展集中供热，积极推进大唐2台35万千瓦和国电鞍山2台30万千瓦热电联产项目；积极推广清洁能源，引进"西气东输"天然气和大连液化天然气；综合整治建筑施工、矿山排岩等扬尘污染，全面整治机动车尾气污染；全面改善城市空气环境质量，力争城区85%以上天数的空气环境质量达到国家二级标准。

2. 加快生态住宅小区建设与改造

新建小区要完全按照《绿色生态住宅小区建设要点及技术原则》（2001年建设部科技司通过，见附录一）的标准来建设，也可根据该标准制定鞍山市新建小区生态环境标准，市环保部门要严格组织审核验收。旧住宅小区采取逐步推进策略来进行改造，可以采取环保部门绿化与物业部门绿化相结合、政府绿化与小区居民共同参与的方式进行。

3. 全面推进城市绿化工程

重点建设环城绿化带、河道两岸、城市主干道、城市公园、城市广场的生态景观，营造出赏心悦目、绿树成荫的城市景观形象；借鉴发达地区绿色施工管理经验，将胜利路、中华路、园林路等主要大道打造成风景宜人的园林景观大道；实施城市绿化提升工程，对铁西区、立山区、千山区部分景观不好的城区道路进行提质改造。

4. 采取有效措施集中整治环境污染

城市环境污染主要包括水污染、大气污染、固体废弃物污染、噪声污染等。鞍山是重工业城市，城市环境污染更为严重。对于水污染主要应该从保护水源、实施污水处理、减少污染排放、加强排污监管、建立生态补水机制、污水回用等方面进行治理；对于大气污染主要应该从积极推广使用清洁能源、加强对工业废气治理、积极完善并落实“禁燃区”，加大对扬尘污染和汽车尾气污染方面的治理；对于固体废弃物污染主要应从加快生活垃圾分类处理和无害化处理、加强对垃圾厂监管、固体废弃物回收利用、加强危险废弃物处置能力等方面进行治理；对于噪声污染主要应该从城市噪声达标区建设、采取有效措施治理社会噪声、采用先进设备和工艺降低噪声、制定相关规定并严格执行、建立隔声屏障等方面进行治理。

四、城市生态文化的建设与教育

一个城市能否成为生态城市，城市市民的生态素质是关键和前提，这就要对市民进行环境教育，培养其良好的生态意识、积极参与环保的责任感、环境保护的法律意识、文明的绿色消费行为、节约资源以及物资回收利用方面的义务和责任感等，主要应从以下几个方面入手：

1. 构建以“生态文化”为核心的城市生态文化体系

这是为加快现代城市生态建设，构建和谐生态型社会提供强大的思想保证和精神动力，它是民族优秀生态文化传统与现代先进生态文明理念的结合。构建主题突出、内容丰富、贴近生活、富有感染力的“城市生态文化体系”将能逐步形成热爱自然、尊重自然、善待自然的良好风尚，明显提高生态文明素质。“城市生态文化体系”主要是从科学认识、积极倡导和大力推动三个方面实现人与自然的和谐。它将建绿和护绿统一起来，弘扬人与自然环境的相互依存、相互促进、共处共融的生态文明核心价值观，在增强人们生态发展忧患意识、生态建设参与意识和生态保护责任意识的同时，形成尊重自然、热爱自然、善待自然的良好氛围，推动人与自然良性互动。在实际工作中要对各企事业单位及全体市民开展生态文化教育，包括生态价值观、生态道德观、生态伦理观等内容，使他们明确环境是资产，环境是资源，环境是生产力，保护环境是责任也是义务，提高其思想认识。

2. 要积极发展生态文化产业

生态文化产业是一种文化形态，也是一种经济形态。它是以生态影视书刊出版、绿色广告包装策划、生态环保会议会展、生态艺术展览等形式为载体，向大众传递生态、环保、健康、文明的信息与意识，它对生态文明的发展起到了积极的推动作用。

3. 开展多种形式的生态教育和生态宣传活动

在小学、中学、大学开设生态建设方面的相关课程，使不同层次的学生都能系统地学习相关知识，有计划地组织有关“生态文化”方面的知识竞赛、演讲比赛、辩论赛、有奖征文、知识讲座、图片展等系列活动，使学生接受全过程生态教育；在广播、电视、报纸、报刊等新闻媒介上开设生态文化专栏、在各社区、居民小区开设生态文化宣传专栏及宣讲活动，利用车身广告、车站站牌广告、移动数字电视广告等宣传形式,广泛宣传生态环境保护治理的法律法规,通过有意识的生态文化教育与文化传播等手段,逐渐培养市民生态意识理念;利用“世界环境日”“世界水日”等节日进行主题宣传活动,为生态文化的普及营造良好的社会氛围。

4. 通过组织丰富多彩的实践活动,使鞍山市全体市民都参与到生态城市建设过程中来

开展创建绿色社区、绿色学校、绿色企业、绿色机关、绿色家庭等活动;开展生态文明大型宣讲宣传活动、每月一次的“环保志愿服务日”活动、以“节约一滴水、一度电、一张纸、一粒米”为主要内容的节约资源活动等。通过这些丰富多彩的实践活动,为生态文化的落实奠定基础、营造氛围、提高效果。

5. 倡导绿色消费文化

绿色消费是一种超越自我的、渗透着环境意识和健康意识的、高层次的理性消费,通过政府推动、企业拉动、消费者带动三方合力才能实现。政府推动采取宣传教育、制定政策法规、推行绿色采购、强化检查监督等措施来实现;企业拉动采取推动产品结构转型、加快绿色产品研发、采取绿色工艺科学组织清洁生产等途径来实现;消费者带动采取自觉树立绿色消费意识、不断跟踪绿色产品信息、正确行使手中的绿色购买权等途径来实现。总之,通过政府、企业、消费者三方共同努力,促使消费者形成文明、健康、生态的生活方式和消费方式。

6. 加强生态环境保护的法律法规建设

制定并完善鞍山市生态环境保护方面的政策、法律法规,并确保真正落实执行,为生态文明城市建设提供法律支撑。将这些政策法规连同生态文明相关知识,印制成《鞍山市生态文化知识手册》,发放在市民手中,达到潜移默化影响市民的作用。

通过生态城市的建设,实现城市主次干道设施规范,街巷基础设施完好;建成区绿化覆盖率大于35%,绿地率大于30%,人均公园绿地大于8平方米;区域环境噪声<60 dB(A),道路交通噪声<70 dB(A);城市污水集中处理率高于80%;生活垃圾无害化处理率高于85%;城市空气质量优良天数大于310天;主要污染物年日均满足国家二级标准;重点工业企业污染物排放稳定达标率90%;医疗危险废弃物、工业危险废弃物处置率100%;城市水环境功能区水质达标率100%;市区内无劣V类水体。市民对城市环保的满意率在75%以上,实现生态宜居的美丽鞍山的建设目标。

本章小结

鞍山市生态城市建设的目标为:树立和贯彻科学发展观,以可持续发展战略为指导思想,从鞍山市现有资源、环境、经济现状出发,运用生态学原理和系统工程方法进行城市总体规划设计,形成生产空间集约高效、生活空间宜居适度、生态空间山清水秀的发展格局,促进经济发达、社会繁荣、生态保护三者的和谐统一,实现鞍山市经济、社会、生态的协调发展。鞍山市生态城市建设的基本原则是以人为本的原则、可持续发展的原则、生态优先的原则、公众参与的原则、长期性的原则。鞍山市生态城市建设需要从城市生命系统、城市经济系统、人居环境建设、生态文化建设四个维度来进行。

第七章　鞍山市生态城市建设的保障措施

生态城市建设及实施要经过一系列的过程才能完成，首先要分析鞍山市的基本概况和有关鞍山市的综合评价，分析其所具有的优劣势，并据此分析制约的因素，然后通过借鉴其他生态城市的状况，建立具有鞍山市独特特色的生态城市。而这些建设的过程就需要相应的内部和外部条件作为保障，因此必须有一个完善的支撑保障体系。通过调查分析，并结合鞍山市经济和社会发展的十二五规划以及鞍山市政府的工作报告的相关内容和规定，鞍山市的支持保障体系可从基础设施、国家机构、法律法规、经济政策（投融资策略、经济核算、价格政策以及相关的税费等）、技术政策以及公众宣传与教育等方面进行设计。

第一节　组 织 保 障

生态城市建设与规划实施的前提条件是制度与法律保障，因此，要建立生态城市就需要协调规划与现行的政策法规和管理制度，通过硬性的规定和柔性的人为管理进行生态化的社会制度改善。在制定产业政策和结构调整规划时，充分考虑并确保符合纳入生态城市建设规划目标要求，制定并完善生态城市建设奖励办法和机制，调动群众积极性。在这个过程中，可以通过强化组织领导、建立部门职责及分工协作的工作机制、加强机构建设、建立企业环境监督员制度等方式，为建设生态城市做好制度保障。根据鞍山市政府的批文和鞍山市的具体情况，改善与鞍山市生态城市相适应的制度的顺利实施离不开强有力的组织保障。加强科学决策，着力提高各级领导干部和企业经营管理人员的环保、生态意识和环境与发展综合决策能力。

一、加强鞍山市组织的领导

创建全国文明城市工作，按照五级联创（市、区、街道、社区、驻区单位）要求建立领导机制，形成“党委统一领导，党政齐抓共管，创城办组织协调，各部门分工负责，全社会共同参与”的领导体制和工作格局，实现创城工作机构网络化。各地区、各部门、各单位要参照市里的模式，实行“一把手”负总责，并结合各自实际，成立相应的创城工作指挥部和创城办公室。

鞍山市各县要高度重视工业节能产品推广的工作，将其作为推进节能减排、淘汰落后产能的重要抓手，充分发挥补贴资金的引领作用，密切合作，落实责任，加紧对鞍山各区内工业节能产品的推广的日常监管，做好生产企业申报和购买企业信息核查、资金拨付，确保推广生态建设工作的有序开展。

二、落实建设生态城市责任

各地区、各部门、各单位要按照本方案制定各自详细的工作实施方案，按照《鞍山市创建全国文明城市任务分解表》的分工建立工作台账，做到层层有人抓，事事有人管，一级抓一级，一级对一级负责，真正做到思想认识、领导力量、具体措施、创建合力和保障机制“五个落实”①。

鞍山市的各县要真正把思想和行动统一到中央的决策部署上来，切实增强全局意识、危机意识和责任意识，树立绿色、低碳发展理念，进一步把节能减排作为落实科学发展观、加快转变经济发展方式的重要抓手，作为检验经济是否实现又好又快发展的重要标准，下更大决心，用更大气力，采取更加有力的政策措施，大力推进节能减排，加快形成资源节约、环境友好的生产方式和消费模式，增强可持续发展能力②。

同时，鞍山市发展改革委员会负责承担整个鞍山市节能减排工作领导小组的具体工作，切实加强节能减排工作的综合协调，组织推动节能降耗工作；鞍山市环境保护部为主承担污染减排方面的工作；鞍山市统计局负责加强能源统计和监测工作；各有关部门要切实履行职责，密切协调配合。鞍山市人民政府要根据本地区“十二五”节能减排工作的要求，进一步明确相关部门责任、分工和进度要求③。

三、强化人和事的监督

采取汇报制度、调度制度、测评制度、通报制度、督查考核制度等五种办法，开展经常性的督促检查，推进全国文明城市创建工作。将创城任务指标完成情况列入市直机关绩效考核目标和组织部门领导干部考核内容。定期向人大代表、政协委员通报创建工作。对措施不力、行动迟缓、推诿扯皮，影响全市创建整体效果和

① 参考《鞍山市创建全国文明城市工作方案》。

② 参考《国务院关于印发“十二五”节能减排综合性工作方案的通知》。

③ 参考《国务院关于印发“十二五”节能减排综合性工作方案的通知》。

整体进度的责任单位,取消其当年参评各类先进称号的资格,年度考核成绩进行降档处理,问题突出的追究领导责任。同时,设立投诉电话、网上意见箱、群众信箱、行风热线、调查问卷等通道,征集群众对创建工作意见,让群众查找存在问题,让群众评价创建成效。积极支持新闻媒体发挥监督作用,对不文明现象进行曝光。要求鞍山市企业对补贴资金申报材料的真实性负责。鞍山市及各县经信委、财政局要加强监督检查,对弄虚作假,骗取财政补贴的企业,财政部门将追缴扣回补贴资金,并给予严厉的处罚。补贴资金必须专款专用,任何单位不得以任何理由、任何形式截留、挪用①。

第二节 经济资金保障

未来五年,我市传统工业改造升级步伐将进一步加快,全市工业化水平将得到大幅提升。同时,以“四城三镇”为重点的城镇化进程将加速推进,工业化、城镇化必将成为我市“十二五”时期转变发展方式的重要突破口和引领经济社会大发展快发展的主导力量。随着辽宁沿海经济带和沈阳经济区上升为国家战略,鞍山作为沿海与腹地间最重要的连接点,将从更大范围、更广领域、更高层次上参与区域经济发展,吸引更多的资金、技术、人才集聚鞍山,增强发展的要素支撑。基于上述分析,判断未来五年鞍山经济和社会发展环境,挑战与机遇并存,机遇大于挑战,总体上有利于我市经济社会实现又好又快发展。因此,鞍山如何解决经济资金保障?如何分配在建设生态鞍山中的资金?这些都是刻不容缓的核心问题。根据“十二五”计划,在此期间市区城市基础设施项目建设投资匡算500亿元,项目建设投资中:自来水16亿元,煤气15亿元,公共交通18亿元,城市供暖50亿元,道桥路灯200亿元,轨道交通146亿元、排水、污水处理厂15亿元,园林绿化30亿元,环境卫生、垃圾焚烧10亿元。

一、鞍山市生态城市建设资金状况

面对此次生态鞍山的建设问题,鞍山市于2010年招商引资,坚持“走出去,请进来”,全年11次赴日、韩和香港、长三角、珠三角等国家和地区招商引资,成功举办5次大型招商推介会。实际利用外商直接投资9亿美元,增长22%;引进内资700亿元,增长32.1%;外贸出口17亿美元,增长63.6% ;2011年,鞍山银行跻身全国银行50强,兴业、光大等7家股份制商业银行陆续开业。新增小额贷款公司

① 韩文.浅谈建设生态文明城市[J].贵阳市委党校学报,2008(2):26-27.

46家、村镇银行3家，引进基金公司4家。海城成功发行地方债券8亿元。2011年开展大型招商活动26次，引进了一批投资超亿元、10亿元乃至100亿元的大项目。共签约亿元以上项目289个，总投资3 919亿元，其中10亿元以上项目83个，50亿元以上项目36个，100亿元以上项目11个。从以上数据可以看出，鞍山市的资金引入与筹措状况并不少，但是也面临了一定的瓶颈。第一，这些招商引资的政策不能够完全解决真正的资金短缺现状。第二，这些政策在某种程度上惠民的层面更多一些，要建设生态鞍山，还要另辟蹊径。第三，例如2011年海城市发放的证券方案是可行的，但在制度的完善方面做得还不够好，应努力做好制度保障上的完善。因此，针对鞍山市的具体情况，应做好资金保障措施。

二、生态鞍山建设的相关资金筹措方案

1. 盘活政府资产

(1)开发土地资源

土地是城市的主要资产，不少地区利用土地为基础设施建设筹集了大量的资金。同时也应当看到，土地是性质特殊的稀缺资源之一，利用土地进行融资要合理、慎重，采用相对完整的方案。通过总结各地区经验，对土地开发可以使用一个前提、两种理念、五种方法三位一体的操作思路。土地储备制度是指由政府依照法律规定，运用市场机制，按照土地利用总体规划和城市总体规划，通过收回、收购、置换和征收等方式取得土地，直接或进行前期开发后储备，并以公开招标、拍卖等方式按需供应土地，调控各类建设用地需求的制度。在开发土地资源的问题上，鞍山市政府可以通过拍卖、招标、挂牌、抵押贷款、资本化融资等方式处理这些问题，从金融学的角度上来讲，这样做等于在方案的施行中进行了两次融资。

(2)国有企业改革

国有企业也是政府的重要资产之一，对政府宏观经济调控，履行公共职能有着深刻的影响。随着国企改革步伐的加快，各地区在利用国有企业改革为政府融资方面也做了许多尝试，主要方式有以下方面。

首先，可以组建强势企业。通过企业重组、企业分立、挂靠联合、兼并收购等方式组建骨干企业或企业集团，通过其优良的资产、有利的地位达到融资的目的。

其次，可以通过改革产权制度。对于有条件的企业，可以通过各种方式进行企业的股份制或股份合作制改革，将国有股份逐步变现。

再者，也可以分离经营权。对于产权制度改革不能一步到位的企业，可以通过承包、租赁等方式出售企业的经营权，从而达到融资的目的。

通过国有企业的改革筹集资金必须考虑多方的利益。首先，要考虑有效提高国有资产的配置效益，促进国有资产增值。其次，要考虑促进国有企业自身的发

展,推动国民经济的增长。最后再考虑如何增加政府财政收入,解决建设资金不足的问题。

(3)经营城市无形资源

政府作为一个地区管理者,拥有城市建设和开发的许多权利,而这些权利本身就是一种资源,政府要善于利用这种资源,通过市场创造出高效益。具体来说,政府可以运作以下无形资源。

第一,冠名权。可以把道路、桥梁、广场、绿地等大多数城市基础设施当作一般产品,拍卖它们的冠名权,或者允许企业以建设换取冠名权。

第二,特许权。例如大型文化活动的举办权,大型会议的赞助权等。

第三,广告权。即通过出售道路两侧以及重点地段的广告设置权引进资金。

第四,领养权。指鼓励企业、个人以有偿方式对有关城市设施如树木、绿地等进行领养。

利用城市无形资源融资,要求政府具有极大的创新精神,一方面,要将其他地区已经施行的相关经验本地化,不可机械模仿;另一方面,要结合本地区的特点,创造出有本土特色的新的无形资源。

2. 项目融资

项目融资是最近几年兴起的一种融资手段,指以项目的名义筹措一年期以上的资金,以项目营运收入承担债务偿还责任的融资形式。主要可以采取以下几种形式:

(1)产品支付

产品支付是针对项目贷款的还款方式而言的。借款方在项目投产后直接用项目产品来还本付息,而不以项目产品的销售收入来偿还债务的一种融资租赁形式。在贷款得到偿还以前,贷款方拥有项目的部分或全部产品,借款人在清偿债务时把贷款方的贷款看作这些产品销售收入折现后的净值。产品支付这种形式在美国的石油、天然气和采矿项目融资中应用得最为普遍。其特点是:用来清偿债务本息的唯一来源是项目的产品,贷款的偿还期应该短于项目有效生产期,贷款方对项目经营费用不承担直接责任。

(2)融资租赁

项目建设中如需要资金购买某设备,可以向某金融机构申请融资租赁。由该金融机构购入此设备,租借给建设单位,建设单位付给金融机构租借该设备的租金。融资租赁在资产抵押性融资中用得很普遍,如购买轮船和飞机,以及筹建大型电力项目。

（3）BOT 融资

BOT 融资即“建设—经营—移交”。典型的 BOT 形式是：政府同私营部门的项目公司签订合同，由该项目公司负责设计、筹资和承建某项基础设施，项目公司在协议期内拥有、运营和维护这项设施，并通过收取使用费或服务费来回收投资并取得合理利润。协议期满后，这项设施的所有权无偿移交给所在国政府。BOT 投资方式主要用于建设收费公路、发电厂、铁路、废水处理设施和城市地铁等基础设施项目。

（4）ABS 融资

ABS 融资即资产收益证券化融资。它是以项目资产可以带来的预期收益为保证，通过一套提高信用等级计划在国际资本市场发行债券来募集资金的一种项目融资方式。具体运作过程如图 7－1 所示。

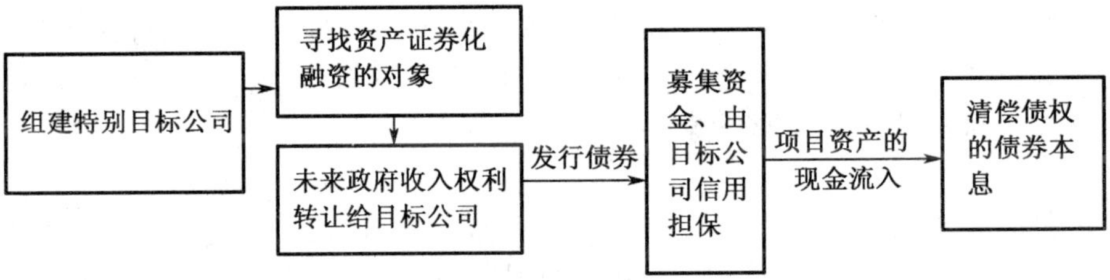

图 7－1　ABS 融资具体运作过程图示

对政府来说，使用项目融资的优越性主要表现在以下方面：首先，减少项目对政府财政预算的影响，使政府能在自有资金不足的情况下，仍能着手于一些基建项目。政府可以集中资源，对那些不被投资者看好但又对国家有重大战略意义的项目进行投资。项目融资不构成政府外债，可以提高政府的信用，政府也不必为偿还债务而苦恼。其次，把私营企业中的效率引入公用项目，可以极大地提高项目建设质量并加快项目建设进度。同时，政府也将全部项目风险转移给了私营发起人。再者，对于落后地区来说，吸引外国投资并引进国外的先进技术和管理方法，对该地区长远的经济发展会产生积极的影响。

3. 利用主权外债

主权外债是主权国家对外的债务。20 世纪 80 年代以来，北京市已经利用了各种主权外债有效弥补了建设资金不足的问题，推动了首都经济的发展。最近几年，区县一级的地方政府也在利用主权外债方面做了有益的尝试。具体来说，可以利用的主权外债主要有以下两种。

(1)外国政府贷款

外国政府贷款是指外国政府向发展中国家提供的长期优惠性贷款。它具有政府间开发援助或部分赠与性质,在国际上又叫双边贷款,与多边贷款共同组成官方信贷。外国政府贷款主要用于基础设施建设、环境保护等公共财政领域。外国政府贷款利息很低,期限在30年左右,申请期限在1年以内。北京市自20世纪80年代以来,已经利用外国政府贷款项目160多个。

(2)国际金融组织贷款

向我国提供多边贷款的国际金融组织主要是世界银行、国际农业发展基金组织和亚洲开发银行。国际金融组织贷款条件比较优惠,主要表现在贷款利率低于市场利率,甚至免收利息,贷款期限及宽限期均较长,借款者主要承担贷款货币汇率变动的风险。国际金融组织贷款立项认真、严格,一般是与特定的工程项目相联系,要求贷款国必须提供详尽的有关贷款项目资料,要求贷款必须如期归还,不可中途改变还款日期,批准项目的手续十分严密,历时较长,一般从项目的提出到签约需1.5~2年。

4. 国内资本市场融资

中国国内的资本市场虽然尚不够完善,但是在现有条件下,利用国内资本市场融资也是地方政府融资的一条途径。地方政府应该首先选定一个或者几个具备上市潜力的公司,并通过政策优惠等使其逐渐壮大起来。

(1)以采用捆绑、借壳的方式上市,通过资本市场募集资金,然后再投入到基础设施建设中去,政府给予政策优惠,形成良性循环发展。这样不仅完成了基础设施建设,同时带动了区域经济发展。

(2)发行债券融资,债券融资相比股票融资具有投资风险小的优点。国内实践证明,只要将债券利率贴补到比同期贷款利率低1~2个百分点,便可极大地增强企业债券融资的吸引力。

(3)发行可转换债券,这是一种混合型的金融工具,具有90%以上的股票属性和100%的债券属性。正是由于它的这种双重属性,不仅汇集了股票和债券的全部优点,而且还回避了股票和债券的某些缺陷,是一种非常有发展前途的融资工具。

5. 民间融资

在目前持续的通货紧缩、有效需求不足的基本国情下,启动民间资本具有重要的意义。借鉴有关经验,探索将其向公共投资的领域内引导,不失为一种有益的尝试。大体上,民间融资可以采取以下几种方式。

(1)直接投资

把属于政府投资的领域直接向民间开放,由于节约了建设资金,等于变相筹集了资金。截至目前,民间资本参与政府基础设施建设的例子并不多,但在国外却比较普遍,建立个体私营投资发展基金,用于对个体私营单位投资发展的担保或贷款贴息等方式鼓励个体私营单位参与基础设施建设,放开个体私营单位对城市基础设施投资的限制,鼓励个体私营单位参与投资高新技术产业,特别是高技术产业化的项目。

(2)社会集资

采取适当的社会集资的方法也是筹集城市建设资金的有效形式,这种形式的核心是谁受益谁投资,可有效缓解城市建设资金的压力。

(3)社会捐赠

社会捐赠主要是通过宣传城市建设的意义,宣传城市发展的前景,动员有实力的企业家以自愿的方式通过资金和实物的捐赠来支持城市建设。政府需要研究采取何种方式给予捐赠者有关非物质上的奖励,鼓励其捐赠行为,形成一种良好的社会风尚。

此外,还可以通过商业银行贷款以及争取上级资金作为鞍山市生态建设的资金保障方式。据反馈信息显示,目前国内大部分地方政府的负债是商业银行贷款,这些贷款由于取得容易,程序简单,一旦出现还款紧张的情况,还可以利用政府同银行的关系进行一定的融通,因此,被各地政府广泛使用。但另一方面,商业银行贷款一般期限较短,利率较高,各种限制条件较多,而且随着银行不良贷款问题引起人们的广泛关注,还贷越来越刚性,这就造成地方政府较大的还款负担。政府债务危机的后果是不堪想象的,商业银行贷款的使用要格外慎重。

三、建立生态鞍山的资金支配制度

鞍山市的相关制度规定,各级政府要把创建全国文明城市的各项创建项目和创建工作经费纳入各级财政预算,确保重点经费及时到位。重大、急需的专项整治经费由责任单位向本级政府提出申请,一事一议,充分发挥政府资金的杠杆作用和对社会资金的导向作用。各部门各单位要把创城活动经费单独列支,专款专用。要建立多元化的筹资机制,鼓励社会各界对创建文明城市提供人力和物力支持。

在具体的措施方面,首先,可以通过采用政府投资项目股权适度让利、公益类项目和社会性益民项目政府提供财政补助等方针政策,引导社会扩大对生态环境的建设和投入。其次,鞍山市在建设生态城市的过程中,必然要涉及环保基础设施的建设,这就需要政府发挥一定的杠杆作用,把社会资金导向生态基础设施建设中来,可采取政府作为主力投资项目、向鞍山市民众集资或者把“产业化”引入到资金筹集方案。为了尽可能快速且保质地建设生态鞍山,应鼓励各种适合发展的经济成分和各类投资者参与到生态鞍山的建设中。在建设的过程中,应坚持“经营权归投资者所有，同时收益权也归投资者所有”的社会制度，把生态环境项目的经营使用权授予投资者。为了吸引建设资金，政府在污染治理资金方面，要严格按照以企业为主，政府补贴为辅的原则，在全民监督的前提下，横向纵向并多方位的筹集污染治理资金和生态保护资金。

第三节　技术保障

一、信息技术保障

鞍山市早在二十世纪四五十年代就是远近闻名的钢都，在这次生态鞍山的建设中，应继续振兴鞍山老工业基地，并将可持续发展融入到此次生态建设中。要搭建人才聚集和培养平台，为集群壮大发展提供人才智力支持，推进企业技术中心建设，提高企业研发能力。

1. 云计算

高性能云计算发展及应用水平已经成为一个城市乃至一个国家综合实力的重要标志之一。在高性能计算领域处于领先地位就等于占领了未来发展的制高点，能够迅速提高综合竞争力。作为标志性的 IT 基础设施，云计算中心是集政府公共服务中心、电子政务云中心、信息处理中心等多功能于一体的复合型计算中心，它的建设拥有重大的社会意义。

云计算中心的建设还可以作为吸引、引进高端人才的硬件条件，有效提升当地的教育科研水平。云计算中心的建设对支柱产业如汽车工业、电子信息制造业、生物医药业等也将起到很好的提升和支持作用；对于发展高新技术产业，尤其在新材料产业、环保新能源产业、动漫创意产业等方面提供强大的支持；对改造提升传统工业，尤其对鞍钢，可以从某种程度上提供科研创新的平台。

因此，鞍山市在建设生态城市过程中，应极力引进云技术。由于云计算中心的建设在重大建设项目和重要社会活动中将发挥不可替代的作用，在带来巨大的社会效益的同时，也对生态鞍山的建设带来了一个新机遇。

2. 虚拟现实与可视化技术

虚拟现实技术综合了计算机图形技术、计算机仿真技术、传感器技术、显示技术等多种科学技术，它在多维信息空间上创建一个虚拟信息环境，能使用户具有身临其境的沉浸感，具有与环境完善的交互作用能力，并有助于启发构思。

可视化是利用计算机图形学和图像处理技术，将数据转换成图形或图像在屏幕上显示出来，并进行交互处理的理论、方法和技术。可视化技术最早运用于计算科学中，并形成了可视化技术的一个重要分支——科学计算可视化。它主要包括以下方面。

(1)可视化技术与生态建设。面对生态建设海量的空间与非空间数据,提取隐含的信息是信息化建设中需要解决的关键问题之一。将科学计算可视化技术和数据挖掘技术相结合,形成的可视化数字挖掘技术,能够从海量数据中发现潜在有用的信息,并以图形图像的简明形式向用户表达,使用户能够交互地观察数据、挖掘过程及结果。

(2)可视化技术与气象预报。气象预报的准确性依赖于对大量数据的计算和对计算结果的分析。一方面,科学计算可视化可将大量的数据转换为图像,在屏幕上显示出某一时刻的等压面、等温面、旋涡、云层的位置及运动、暴雨区的位置及其强度、风力的大小及方向等,使预报人员能对未来的天气做出准确的分析和预测。另一方面,根据全球的气象监测数据和计算结果,可将不同时期全球的气温分布、气压分布、雨量分布及风力风向等以图像形式表示出来,从而对全球的气象情况及其变化趋势进行研究和预测。

(3)城市景象可视化。城市景象可视化也是一项潜在的有用技术。城市景象是一个扩展的3D条状图,其中2D域上的标量值表示为一个均匀网格上的街区或大楼。由于信息可视化可以对日益显著的"数据超载"问题提供近实时的解,它将对商务、产生重要的影响。

可视化技术与虚拟现实技术不但促进了经济的快速发展,也有利于生态鞍山的建设,这两种技术可以准确地预测天气,给生态城市带来便捷。同时,还有利于商务、金融和通信等领域的信息管理,保证信息对称性,为建立生态的、文明的、和谐的社会提高保障。

二、生态技术保障

生态技术是指在追求经济效益的同时,还要考虑环境效益,以保护环境为目的进行生态发展,避免危及人类继续生存和发展的环境问题的发生。

早在21世纪伊始,科技技术就被列为发展的中枢神经,此次生态鞍山的建设,更应积极强调技术与信息的作用,加大环境自身的缓冲和恢复能力、增强自然资源和社会资源的承担力度和提高服务性基础设施的利用率。此外,在具体的措施方面,可以采取加快人力资源能力、科技创新能力和经济发展能力建设等方式,让动力牵引作用能更好地应用在生态经济的拉动上①。培育和支持高新技术企业发展,以"十二五"规定的内容为依托,争取在2015年末建设国家重点实验室2个,国

① 张一鹏.低碳经济与低碳生活[J].中外能源,2009(14):12-15.

家工程技术研究中心5个,高新技术产品增加值达到800亿元以上,占工业增加值的40%。

21世纪是科技化时代,要运用高科技手段处理好生态循环的问题。应该建立开发新的能源技术从而提高垃圾回收及处理的效率,使小区中的水、能源、垃圾等有效地结合起来,使人们在环境优美,生活舒适小区中更好地生活。例如,在我们日常厨房里,一些鸡鸭鱼骨头、果皮等这些有机废物不需要再用装袋丢弃,只要一起冲入水槽,立即可以处理掉这些废弃物。在设计上采用高科技手段,可以在槽内管道中安装垃圾处理器,这样就能把它们粉碎并冲入下水道。而一些无法进入下水道的大件有机垃圾,则可以汇集到小区内的社区综合垃圾处理机,采用微生物降解的方式,最后变成绿化小区的肥料。剩下的无机垃圾,压缩后用专车运走。如果不妥善地处理这些垃圾,将这些垃圾随意丢弃,日积月累就会污染地下水和动植物生长,从而影响人们的身体健康。越来越多的数字已经让人们充分地认识到废物对人们的危害,同时也更要求人类社会在建设生态文明的过程中要充分利用高科技的手段来解决废弃物给我们带来的潜在威胁。

鞍山还要利用生态技术,提高环境卫生事业现代化水平。要全面提高城市垃圾收集、运输、处理和综合利用水平,逐步实现城市垃圾减量化、无害化、资源化;增加垃圾运输车数量,提高垃圾运输能力(2012年末已经增进70台);投资增加清扫车、除雪车(2012年末已经增进30台),提高道路清扫和除运雪机械化水平,改变手工作业劳动密集型行业状况;努力提高环卫机械化清扫率(2012年已达50%以上),保持生活垃圾和医疗垃圾无害化处理率(2012年末已达100%);加强次干道支道及居民区卫生管理力度,加强市区公园、风景区卫生监管力度,杜绝卫生死角;抓好垃圾焚烧发电项目,提高垃圾环保处理和综合利用水平;达到"十二五"期间规划的目的,建设垃圾焚烧发电项目,使现有垃圾得以深度处理。

第四节　人才保障

在生态鞍山的发展过程当中,鞍山市还应注意人才建设,着力推进人才工作体制机制改革,创新人才工作管理体制和人才培养开发、选拔使用、市场配置等机制,着力培养人才的生态意识和知识;要突出引进、培养高层次创新型科技人才,大力开发经济社会发展重点领域紧缺专业人才,统筹推进党政人才、企业经营管理人才、专业技术人才、高技能人才、农村实用人才、社会工作人才等"六支队伍"协调发展,并且在为经济发展准备人才的同时,也应同步准备生态鞍山的建设;实施重点产业高层次科技人才集聚培养工程,集聚培养发展重点产业紧缺的高端创新型科技领军人才;实施海外高层次人才引进工程,引进和使用海外高水平拔尖人才和创新创业领军人才;实施民营企业经营管理人才培养工程,提高我市企业现代化经营管理水平和竞争力;实施专业技术人才知识更新工程,推动我市经济结构调整和高新技术产业发展;实施高素质教育人才培养工程,建设一支高素质、创新型教育人才队伍,为生态鞍山的建设积蓄力量①。

第五节 制度保障

制度保障,就是要在管理体制、政策法规上体现生态文明建设,合理选择发展方向,从而加强生态文明的法制建设,完善生态环境保护的法律体系,强化从领导干部到广大人民群众的生态文明建设责任意识。

一、生态管理体制、政策法规建设

鞍山市早在 1996 年就开始进行了一些相关的生态政策法规建设,针对目前阶段的情况,又制定了适用于我市行政区域内所有生产、生活用能和供能单位的法规规定。法规中规定,应严格按照国家和省、市有关节能法规和技术标准,依法对能源利用状况进行监督、检测以及对浪费能源行为进行处理,具体的细节如下:

(1)对供能、用能单位的能源利用状况依法进行监督和管理;

(2)实施节能行政主管部门下达的节能监测计划;

(3)贯彻执行国家、省有关节能政策法规和技术标准,参与起草市级节能法规、标准和技术规范;

(4)组织开展节能宣传、教育、培训、节能技术研究、情报信息交流、技术咨询等;

(5)对供能、用能单位浪费能源行为依法进行处罚。

此次法规的范围主要在于监测和评价使用热、电、油、水、气等状况;对用能单位的能耗状况和影响能耗的技术、工艺、设备、网络等实际运行的经济技术指标进行监督、检测;检查生产、销售的用能产品在产品说明书上是否标明能耗指标,并对标明的能耗指标进行监督、检测;协助有关部门对供能单位的供能质量进行检查与监督;检查是否使用国家明令淘汰的耗能产品及违反国家节能强制性标准的产品;对节能产品(技术)进行检测和评价;检测、评价节能用材、能源和资源的综合利用状况等内容。

法规规定制度的具体执行方式主要以监督、检测和评价为主。为了更好地建

① 参考《鞍山市国民经济和社会发展第十二个五年规划纲要》。

设生态鞍山，鞍山市的法规制度中明文规定，年综合耗能折合标准煤 1 000 吨以上（含 1 000 吨）的重点用能单位为市重点节能监测单位，重点用能单位应定期向节能行政主管部门报送能源利用状况报告，并抄报节能监测机构。这样，在某种程度上控制了不达标企业的违规生产行为。对复测仍不合格者，由节能行政主管部门委托节能监测机构下达《征收能耗超标加价费通知书》，向其征收能耗超标加价费。能耗超标加价费按被监测的设备和产品全年超标准消耗的能源价值的 1～5 倍征收，具体标准按物价部门的有关规定执行；对逾期不缴纳监测费和能耗超标加价费的，节能行政主管部门可处以 5 000 元以下罚款；对拒不接受检查，弄虚作假，干扰正常监测的，节能行政主管部门可处以 10 000 元以下罚款；对于触犯《中华人民共和国治安管理处罚条例》的，由公安机关予以查处；情节严重构成犯罪的，依法追究刑事责任。

二、具体制度的制定

政府在加大管理力度以后，各个地方要认真贯彻执行这些法律法规。我们既要根据国家的法律和法规，也要根据各个地区的具体情况制定适合城市发展的生态环境保护和建设政策，更要加强对这些法律法规的监管，建立环境信息公开制度，接受社会和人民的监督。具体措施如下：

1. 健全节能环保法律法规

推进环境保护法、大气污染防治法、清洁生产促进法、建设项目环境保护管理条例的修订工作，加快制定城镇排水与污水处理条例、排污许可证管理条例、畜禽养殖污染防治条例、机动车污染防治条例等行政法规；修订重点用能单位节能管理办法、能效标识管理办法、节能产品认证管理办法等部门规章。

2. 严格节能评估审查和环境影响评价制度

把污染物排放总量指标作为环评审批的前置条件，对年度减排目标未完成、重点减排项目未按目标责任书落实的地区和企业，实行阶段性环评限批；对未通过能评、环评审查的投资项目，有关部门不得审批、核准、批准开工建设，不得发放生产许可证、安全生产许可证、排污许可证，金融机构不得发放贷款，有关单位不得供水、供电；加强能评和环评审查的监督管理，严肃查处各种违规审批行为；能评费用由节能审查机关同级财政部门安排。

3. 加强重点污染源和治理设施运行监管

严格排污许可证管理；强化重点流域、重点地区、重点行业污染源监管，适时发布主要污染物超标严重的国家重点环境监控企业名单；列入国家重点环境监控范围的电力、钢铁、造纸、印染等重点行业的企业，要安装运行管理监控平台和污染物排放自动监控系统，定期报告运行情况及污染物排放信息，推动污染源自动监控数据联网共享；加强城市污水处理厂监控平台建设，提高污水收集率，做好运行和污染物削减评估考核，考核结果作为核拨污水处理费的重要依据；对城市污水处理设施建设严重滞后、收费政策不落实、污水处理厂建成后一年内实际处理水量达不到设计能力60%，以及已建成污水处理设施但无故不运行的地区，暂缓审批该城市项目环评，暂缓下达有关项目的国家建设资金。

4. 加强节能减排执法监督

各级人民政府要组织开展节能减排专项检查，督促各项措施落实，严肃查处违法违规行为；加大对重点用能单位和重点污染源的执法检查力度，加大对高耗能特种设备节能标准和建筑施工阶段标准执行情况、国家机关办公建筑和大型公共建筑节能监管体系建设情况，以及节能环保产品质量和能效标识的监督检查力度；对严重违反节能环保法律法规，未按要求淘汰落后产能、违规使用明令淘汰用能设备、虚标产品能效标识、减排设施未按要求运行等行为，公开通报或挂牌督办，限期整改，对有关责任人进行严肃处理；实行节能减排执法责任制，对行政不作为、执法不严等行为，严肃追究有关主管部门和执法机构负责人的责任。

5. 加强节能发电调度和电力需求侧管理

改革发电调度方式，电网企业要按照节能、经济的原则，优先调度水电、风电、太阳能发电、核电以及余热余压、煤层气、填埋气、煤矸石和垃圾等发电上网，优先安排节能、环保、高效火电机组发电上网；研究推行发电权交易；电网企业要及时、真实、准确、完整地公布节能发电调度信息，电力监管部门要加强对节能发电调度工作的监督；落实电力需求侧管理办法，制定配套政策，规范有序用电；以建设技术支撑平台为基础，开展城市综合试点，推广能效电厂；推行污染治理设施建设运行特许经营；总结燃煤电厂烟气脱硫特许经营试点经验，完善相关政策措施；鼓励采用多种建设运营模式开展城镇污水垃圾处理、工业园区污染物集中治理，确保处理设施稳定高效运行；实行环保设施运营资质许可制度，推进环保设施的专业化、社会化运营服务；完善市场准入机制，规范市场行为，打破地方保护，为企业创造公平竞争的市场环境。

6. 加快节能环保标准体系建设

加快制（修）订重点行业单位产品能耗限额、产品能效和污染物排放等强制性国家标准，以及建筑节能标准和设计规范，提高准入门槛；制定和完善环保产品及装备标准；完善机动车燃油消耗量限值标准、低速汽车排放标准；制（修）订轻型汽车第五阶段排放标准，颁布实施第四、第五阶段车用燃油国家标准；建立满足氨氮、氮氧化物控制目标要求的排放标准；鼓励地方依法制定更加严格的节能环保地方标准。

7. 强化节能减排管理能力建设

建立健全节能管理、监察、服务“三位一体”的节能管理体系，加强政府节能管理能力建设，完善机构，充实人员；加强节能监察机构能力建设，配备监测和检测设备，加强人员培训，提高执法能力，完善覆盖全国的省、市、县三级节能监察体系；继续推进能源统计能力建设；推动重点用能单位按要求配备计量器具，推行能源计量数据在线采集、实时监测；开展城市能源计量建设示范；加强减排监管能力建设，推进环境监管机构标准化，提高污染源监测、机动车污染监控、农业源污染检测和减排管理能力，建立健全国家、省、市三级减排监控体系，加强人员培训和队伍建设。

8. 加强节能减排宣传教育

把节能减排纳入社会主义核心价值观宣传教育体系以及基础教育、高等教育、职业教育体系；组织好全国节能宣传周、世界环境日等主题宣传活动，加强日常性节能减排宣传教育；新闻媒体要积极宣传节能减排的重要性、紧迫性以及国家采取的政策措施和取得的成效，宣传先进典型，普及节能减排知识和方法，加强舆论监督和对外宣传，积极为节能减排营造良好的国内和国际环境。

9. 深入开展节能减排全民行动

抓好家庭社区、青少年、企业、学校、军营、农村、政府机构、科技、科普和媒体等十个节能减排专项行动；通过典型示范、专题活动、展览展示、岗位创建、合理化建议等多种形式，广泛动员全社会参与节能减排，发挥职工节能减排义务监督员队伍作用，倡导文明、节约、绿色、低碳的生产方式、消费模式和生活习惯。

10. 政府机关带头节能减排

各级人民政府机关要将节能减排作为机关工作的一项重要任务来抓，健全规章制度，落实岗位责任，细化管理措施，树立节约意识，践行节约行动，做节能减排的表率①。

本章小结

生态城市的建设是需要很多保障的，根据各个城市的特点和不足之处，提出建立生态城市的总方针，并在已有基础上完善各种规章制度，加快生态城市建设，为公众提供优质的生活质量，建立绿色的生态社会。针对鞍山市的具体情况来分析，在保障措施方面主要分为五个层次：组织保障，在生态建设上，确立正确的指导方针；资金保障，在大方向确定后，要着力于资金的准备，为生态鞍山建设准备坚实的

① 参考《“十二五”节能减排综合性工作方案》。

后盾;技术保障,在高科技时代的当下,技术是鞍山生态建设的一颗长生丸,只有技术够硬,才能保障鞍山经济稳、准、快地发展;人才保障,只是,融入人的主观意识,才能打造完美的生态鞍山;制度保障,通过一些规定帮助人们养成良好的习惯,为生态鞍山提供最重要的建设基石,保证实力鞍山、诚信鞍山、素质鞍山、幸福鞍山、美丽鞍山建设的顺利开展。

后　记

2013 年 4 月，鞍山市社会科学研究课题评审结果揭晓，本人负责的研究项目《关于鞍山生态文明城市建设的思路与对策研究》获批为重大立项课题。本课题结合鞍山具体实际情况，思考鞍山生态城市构建的基本思路、评价指标体系及基本对策，既丰富和发展了生态城市构建的基本理论，又为鞍山市设计了一套生态城市构建的基本方案，对推进鞍山市生态文明建设将起到积极的促进作用。该项目只有 7 个月的研究时间，时间紧、任务重，课题获批后课题组成员召开了几次研讨会，确定课题的研究思路、研究方法和任务分工。在项目开展的过程中，课题组成员加班加点，深入社会，开展调研，激烈讨论，为项目的完成做出了突出的贡献。

在《鞍山市生态城市建设的思路与对策》的形成过程中，充满着艰辛与困难，但也不乏幸福与快乐，特别是经过辛苦写作和数次修改，这本著作终于可以打印成稿、集结成册之时，心中更是略感喜悦，但也夹杂着复杂思绪。本书是我 4 个多月学习和研究的阶段性成果，但我非常清楚，如果没有课题组全体成员的共同努力，仅以本人的水平和能力是不可能完成的。所以，这一成果首先要归功于我们课题组的全体成员。从内容体系的确立、具体观点的逻辑推演以及最后的修改和定稿，都倾注了大家大量的心血。在初稿完成后，课题组成员尚方方、管永梅、董煌、姜杰、郑钰等一丝不苟地修改了全文内容，甚至个别文字也都逐一修正，在此向课题组全体成员表示由衷的敬意，向我的研究生说声谢谢。

在此我要感谢鞍山市社会科学界联合会、鞍山市社会科学研究院各位工作人员给予本人的所有关心和帮助，感谢你们的辛苦付出。

我要感谢我的单位——辽宁科技大学工商管理学院为我提供了学习和研究的机会！在本书编写的过程中，得到了辽宁科技大学校长孙秋柏教授、党委副书记侯锡林教授、工商管理学院院长西凤茹教授、党委副书记刘洪玉教授、副院长初宇平教授、党委副书记顾海川的关心与指导。他们在百忙之中审阅了书稿，提出了许多精辟的见解和宝贵的修改意见，为本书的最终完成奠定了基础。另外还要感谢我的各位同事和各位挚友，是你们给了我前行的动力、精神的慰藉，你们的友谊将是我一生最宝贵的财富！当然我还要感谢我的家人。在我学习和写作的过程中，他们给了我生活上的照顾和心灵上的关怀，使我可以集中全部时间和精力完成著作。

在撰写本书的过程中，笔者参阅了大量的参考文献，在此向各位作者表示衷心的感谢。

由于作者水平有限及时间所限，在本书的撰写过程中定有许多不足之处，恳请学术界同仁和各位读者不吝赐教，以便今后进行补充和修正，本人将不胜感激。

朱晓林

2015 年 6 月 10 日

附录一

《绿色生态住宅小区建设要点与技术导则》

建设部住宅产业化促进中心

2001 年 5 月

1　总则

1.1.1　为了在住宅建设中充分贯彻执行“节能、节水、节地、治污”的“八字方针”,加强住宅小区的生态环境建设,根据国家可持续发展战略和“十五”计划纲要的指导精神,参照世界各国在住宅生态环境建设上所采用的技术及标准,结合我国国情,特制定《绿色生态住宅小区建设要点与技术导则》(以下简称为《导则》)。本《导则》实施的总体目标是:以科技为先导,以推进住宅生态环境建设及提高住宅产业化水平为总体目标,以住宅小区为载体,全面提高住宅小区节能、节水、节地、治污总体水平,带动相关产业发展,实现社会、经济、环境效益的统一。

1.1.2　绿色生态住宅小区(以下简称为:生态小区)建设应符合国家关于生态环境建设的总体方针、政策,并符合地方总体规划与建设要求。

1.1.3　生态小区的规划、设计、建设应执行国家和地方现行的强制性标准和规范。

1.1.4　生态小区建设应充分体现节能原则。并应根据当地的自然条件,采用适宜的建筑节能措施,使生态小区的建筑节能达到国家规定的标准。

1.1.5　生态小区建设应充分考虑绿色能源(如:太阳能、风能、地热能、废热资源等)的使用,绿色能源的使用率应达到一定的水平。使用常规能源时,应进行能源系统优化。

1.1.6　生态小区建设应充分考虑节地原则。应合理规划住宅、公建、道路、公共绿地等项目的用地,以提高土地使用效率;提倡采用先进的建筑体系,以提高住宅的有效使用面积和耐久年限;在国家规定的范围内,限期淘汰黏土实心砖等建筑材料。

1.1.7　生态小区建设应充分体现节约资源原则,尤其要注重节水技术与水资源循环利用技术。应尽量使用可重复利用材料、可循环利用材料和再生材料(3R材料)。充分节约各种不可再生资源和国家短缺资源。

1.1.8 生态小区建设应自始至终贯彻环境保护原则。应充分考虑小区建设及其运行过程中的环保问题，并应对“生态小区”进行全寿命周期环境保护管理，以促进我国的城市生态环境建设。

1.1.9 在生态小区的建设中，应注重推广使用适度超前、优化集成的技术体系和部品体系，尤其是采用有关节能、节水的绿色环保技术和产品。

1.1.10 生态小区建设必须实行严格的质量控制，并达到国家的工程验收标准，提高工程的优良品率，创优质工程。

1.1.11 生态小区建设应达到“商品住宅性能评定方法和指标体系”（试行）中3A级商品住宅环境性能指标及有关的性能指标要求。

1.1.12 本《导则》重点说明与绿色生态小区建设直接相关的要求，通用性的要求按国家现行强制性规范、规程和标准执行。

1.1.13 本《导则》中所涉及的各技术系统的建设应与小区的规划、计划、建设同步进行。

2 能源系统

2.1 一般要求

2.1.1 在生态小区中，建筑节能应严格按照建设部发布的《民用建筑节能管理规定》（建设部第76号令）执行。

2.1.2 对常规能源系统应进行优化。

2.1.3 绿色能源的使用率宜达到小区总能耗的10%（折合成电能计算）。

2.2 技术要点

2.2.1 在生态小区的规划设计中，要加大绿色能源的使用率并应对能源系统进行分析，因地制宜地选择能源组合。

2.2.2 生态小区使用常规能源时，应对能源系统进行优化，避免因同时使用多种能源而造成资源的浪费。

2.3 工程建设要点

2.3.1 利用太阳能、风能等绿色能源的小区，宜配备辅助能源系统，并应符合下列要求：

（1）尽量使用太阳能中央热水系统。太阳能集热系统装置应与建筑物的立面设计相协调；

（2）太阳能集热系统的安装位置应无遮挡，宜选在背风处，并有防雨、防潮措施；倾角、朝向应符合相关设计规范的要求；

（3）太阳能集热系统的管道布置应与住宅的给水设施配套，系统中的管道、阀门等配件应选用寿命长、抗老化、耐锈蚀的产品。

(4)太阳能集热系统的安装应牢靠,同时便于维护管理;

(5)利用太阳能光伏发电技术时,发电系统宜与小区的电网并网;

(6)利用风能时,应结合小区的空间景观合理布置。风力发电系统宜与小区的电网并网;

(7)地势能宜用于户式中央空调系统的冷热源。

2.3.2 其他新能源的利用应结合生态小区的实际情况合理采用。

3 水环境系统

3.1 一般要求

3.1.1 节水器具的使用率应达到100%。

3.1.2 污水处理率应达到100%,达标排放率必须达到100%。

3.1.3 应建立中水系统和雨水收集与利用系统,其使用量宜达到小区用水量的30%。

3.1.4 小区绿化、景观、洗车、道路喷洒、公共卫生等用水宜使用中水或雨水。

3.2 给水子系统

3.2.1 本《导则》所指的给水子系统,由小区内的市政给水及其他生活给水设施组成,包括小区内的给水管网与相关的动力设备系统。

3.2.2 给水子系统应采用智能化管理,宜具有远程监控,故障报警等功能。

3.3 管道直饮水子系统

3.3.1 本《导则》所指的管道直饮水子系统,是指自来水经过深度处理后,达到《饮用净水水质标准》(CJ94－1999)规定的水质标准,通过独立封闭的循环管网,供给居民直接饮用的给水系统。管道直饮水由净水设备、加压、管网、计量、控制、检测及安全报警等组成。

3.3.2 管道直饮水管网系统应设排气阀和放空管。

3.3.3 管道直饮水子系统的设备、管材及配件必须无毒、无味、耐腐蚀、易清洁。

3.3.4 管道直饮水管网系统建设应符合下列要求:

(1)管道直饮水的管网系统应采用可循环的形状管网;

(2)严禁管道直饮水子系统与其他水系统管道串接;

(3)系统应安装计量装置,计量仪表的精确度等级不低于1.5级。

3.3.5 管道直饮水净化系统建设应符合下列要求:

(1)管道直饮水净化工艺应根据原水水质特点进行选择,不仅要确保直饮水的水质、水量,同时应保证系统的安全性和经济性;

(2)直饮水净化工艺应采用技术集成度高、运行稳定可靠的工艺。

3.3.6　管道直饮水控制系统建设应符合下列要求：

(1)直饮水设备控制宜采用全自动控制,并应设故障报警系统；

(2)直饮水输送应采用变频控制方式；

(3)直饮水生产管理宜采用中央监控系统,由计算机控制生产过程和供水过程。

3.4　排水子系统

3.4.1　本《导则》所指的排水子系统,由小区内污水收集,处理和排放等设施组成。

3.4.2　生态小区周边如有市政污水管网,生活污水可排入市政污水管网系统;当无市政污水管网时,应设置污水处理站,其处理后的水质应符合国家有关污水排放标准。

3.4.3　生态小区的排水应采用雨水、污水分流系统。

3.5　污水处理子系统

3.5.1　本《导则》所指的污水处理子系统,是指小区内的生活污水经收集、净化后,达到规定标准的水处理系统。

3.5.2　污水处理工艺应根据水质、水量的要求确定,宜采用经济、实用、集成度高的成熟技术,鼓励使用新技术、新工艺。

3.5.3　污水处理站的设计应符合节能、节地原则。

3.5.4　污水处理站的运行宜采用自动化控制,并应设故障报警系统。

3.5.5　污水处理站产生的污泥,应采取相应的处理和综合利用措施。

3.6　中水子系统

3.6.1　本《导则》所指的中水子系统,是指将住宅内的生活污废水经收集、处理后,达到规定的水质标准,在一定范围内重复使用的非饮用水系统。中水子系统由中水处理、加压、集水和中水管网以及计量、检测等设施组成。

3.6.2　中水水源宜采用优质杂排水,并宜按下列顺序取舍:淋浴排水、盥洗排水、洗衣排水、厨房排水、厕所排水。

3.6.3　中水使用必须确保安全,严禁中水进入生活饮用水和管道饮水系统。

3.6.4　中水管网系统建设应符合下列要求：

(1)集水管道应独立设置；

(2)集水管材及附件宜采用经防腐处理的钢管或新型塑料管材；

(3)中水供水管道及附件宜采用新型塑料管材；

(4)中水供水系统宜根据使用要求安装计量装置。

3.6.5　中水处理工艺

(1)中水处理工艺应根据原水的水质、水量和使用要求等因素,经技术经济比较后确定；

(2)中水处理宜采用技术集成度高、运行稳定可靠、具有良好性能价格比的先进工艺。

3.7 雨水子系统

3.7.1 本《导则》所指的雨水子系统，是指将小区内建筑物屋面和地面的雨水，经过收集、处理后，达到规定的水质标准，在一定范围内重复使用的设施。雨水设施是指构成雨水系统的集水、处理、储存、回用等建筑物。

3.7.2 小区的屋面雨水应收集，地面雨水宜结合实际情况进行收集。收集后的雨水可进入中水系统。

3.7.3 雨水收集系统应结合小区地形、地貌，确定收集方式，宜用暗渠收集雨水。

3.7.4 回用的雨水应进行处理。雨水处理宜采用渗水槽系统，渗水槽内宜装填砾石或其他滤料。

3.8 景观用水子系统

3.8.1 本《导则》所指的景观用水子系统。由水景工程的池水、流水、跌水、喷水、涌水等用水组成。

3.8.2 景观用水应采用循环系统，并应设置水净化设施。

3.8.3 生态小区的水景应充分利用地形、地物和自然景色，营造优美的小区水景环境。

3.8.4 景观用水子系统应结合中水系统进行优化设计，景观用水水源宜使用雨水或中水。

3.8.5 景观用水子系统建筑材料应确保系统安全、稳定运行，防止系统因自身腐蚀而污染景观用水性质。

4 气环境系统

4.1 室外气环境系统

4.1.1 生态小区内的大气环境质量宜达到国家二级标准。

4.1.2 生态小区内禁止使用对臭氧层产生破坏作用的CFC11类产品。

4.2 室内空气环境系统

4.2.1 所有房间应设置可开窗，便于室内通风换气。

4.2.2 住宅中80%以上的房间应能自然通风，并符合下列要求：

(1)卧室、客厅应能自然通风；

(2)卫生间应设置有通风换气设施；

(3)厨房应有烟气集中排放系统。厨房烟气集中排放系统宜采用竖向系统或水平系统,采用竖向系统应设置脱排油烟机、变压止逆阀、排气烟道等设施;采用水平系统应设置脱排油烟机、水平排气风道、外墙风帽等设施。

4.2.3　室内装修应采用环保型装修材料,装修材料中挥发性有毒、有害气体必须符合现行的有关标准规定,防止室内环境的污染、危害人体健康。

5　声环境系统

5.1　小区声环境系统

5.1.1　生态小区声环境应符合下列标准:白天≤45 dB　夜间≤40 dB。

5.1.2　生态小区项目开发前期在选址及场地设计中应使居住区远离噪声源。

5.1.3　生态小区在规划设计时,应对周边噪声源进行测试分析,使小区声环境系统符合本《导则》规定的标准。

5.1.4　当规划设计不能满足本《导则》对小区声环境的要求时,应采用人工降噪措施(如建隔声屏或种植树木等)减少外部噪声对生态小区声环境的影响。

5.1.5　生态小区规划设计时应考虑建筑空间位置安排,避免小区内噪声产生区紧邻居民生活区。

5.1.6　生态小区中采用公用设备应采取减震和隔音措施。

5.2　室内声环境系统

5.2.1　生态小区内住宅室内声环境应符合下列标准:白天≤35 dB、夜间≤30 dB。

5.2.2　住宅室内声环境达不到上述标准时应在建筑结构或构造中采取隔声降噪措施。

5.2.3　住宅分户墙和楼板的空气隔声量应≥50 dB,在噪音敏感区域应有相应的隔声措施。

5.2.4　住宅楼板的撞击声隔声量应≤65 dB。

5.2.5　住宅应采取室内一次性装修,以避免户间噪声干扰。

5.2.6　室内管网系统宜采取安装衬垫等消声措施。

6　光环境系统

6.1　生态小区室外光环境应满足下列要求:

(1)道路照明:15 ~ 20LX;

(2)住宅日照:按《城市居住区规划设计规范》50180 - 93 执行。

6.1.2　室外公共照明宜采用绿色照明。

6.1.3　小区内宜用反光指标牌,反光道钉,反光门牌等,建立区内道路识别系统。

6.1.4 通过高、中、低、远、近、虚、实等不同照明形式，在不同地区按不同的要求，合理配置路灯、庭院灯、草坪灯、地灯等，形成丰富多彩，温馨宜人的室外立体照明系统。

6.1.5 住区内不宜采用霓虹灯或强烈灯光做广告，小区内居住建筑不得采用玻璃幕墙。

6.2 生态小区室内光环境系统

6.2.1 生态小区内光环境应满足下列要求：

(1)室内采光应为自然采光；

(2)住宅所有房间无光污染；

(3)全部使用节能灯具。

6.2.2 房间的自然采光应按其功能要求合理设置。书房、起居室、卧室的窗地比应大于1:7。

6.2.3 住宅楼梯间的公共照明应使用声控开关或延时开关。

6.2.4 小区道路、停车场上的车灯应避免车灯直射室内，不可避免时，应采取挡光措施。

7 热环境系统

7.1 一般要求

7.1.1 住宅的采暖、空调及热水供给应尽量利用太阳能、地热能等绿色能源。

7.1.2 推广采用采暖、空调、生活热水三联供的热环境技术。

7.1.3 室内热环境的舒适性设计：

(1)冬季供暖的室内温度宜保持在18 ℃ ~22 ℃之间，夏季空调的室内温度宜保持在22 ℃ ~ 27 ℃之间；

(2)室内垂直温差宜小于4 ℃；

(3)供暖、空调设备的室内噪声等级不得大于30 dB。

7.2 技术要点

7.2.1 集中采暖系统

(1)集中采暖系统的热源应使用清洁能源，有条件地区宜采用太阳能、风能、地热能或废热资源等绿色能源；

(2)集中采暖系统应能实现分室温度调节、实施分户热计量，并宜设置智能计量收费系统。

7.2.2 分户独立式采暖系统

(1)分户独立式采暖系统(以下简称为分户系统)的热源应采用清洁能源，有条件地区宜利用太阳能作为热源；

(2)分户系统采用燃气作为热源时,应采取一定措施防止局部空气环境污染;

(3)利用热泵机组采暖时,应考虑辅助热源,以保证系统运行稳定;

(4)采用电采暖系统时,宜利用太阳能作为辅助能源;

(5)如有废热资源可供使用,宜采用低温热水地板辐射采暖。

7.2.3 集中空调系统

(1)生态小区采用集中空调时,宜采用采暖、空调、热水三联供集成技术,必须实行分户计量,并宜采用智能计量收费系统;

(2)集中空调的余热应考虑回收利用;

(3)新风进口应远离污染源。

7.2.4 户式中央空调

(1)室外机宜隐蔽安装,固定应牢靠,并应采取有遮阳、防雨措施,但不应影响冷凝器排风;

(2)新风进口应远离污染源。

7.3 工程建设要点

7.3.1 住宅建筑宜对分户隔墙及楼板作保温隔热处理。

7.3.2 住宅外窗的保温性能应符合《建筑外窗保温性能等级分级及其检测办法》的规定。其保温性能等级,严寒地区不应低于Ⅱ级。寒冷地区不应低于Ⅲ级,其他地区不宜低于Ⅳ级。

7.3.3 住宅外窗的气密性,应符合《建筑外窗空气渗透性能分析及检测办法》的规定,其气性等级不应低于Ⅱ级。

7.3.4 住宅外窗应采用双层玻璃,并宜采用中空玻璃,隔热玻璃和反热玻璃。

8 绿化系统

8.1 一般要求

8.1.1 生态小区的绿化系统应具备以下功能:

(1)生态环境功能:小区绿地应具备提供光合作用的绿色再生机制;

(2)休闲活动功能:应提供户外活动交往场所,要求卫生整洁、适用安全、景色优美、设施齐全。

(3)景观文化功能:通过园林空间、植物配置、小区雕塑等提供视觉景观享受和文化品位欣赏。

8.1.2 生态小区的绿化系统应符合下列要求:

(1)绿地率≥35%,绿地本身的绿化率≥70%;

(2)硬质景观中应使用绿色环保材料;

(3)种植保存率≥98%,优良率≥90%;

(4)雨水应储蓄并加以利用；

(5)提倡垂直绿化；

(6)植物配置的丰实度应符合下列要求：乔木量≥3 株/100 m^2 绿地；立体或复层种植群落占绿地面积≥20%；植物种类；三北地区木本植物种类≥40 种；华中、华东地区木本植物种类≥50 种；华南、西南地区木本植物种类≥60 种；

8.2 技术要点

8.2.1 小区规划提倡“开放空间优先”的概念，居住区绿地应与居住区规划同步进行，保持建筑群体道路交通组织与绿地有良好的空间与视觉关系，使得绿地在通风、阳光、防护隔离，景观等众多方面起到更好的作用。

8.2.2 生态小区的绿地率≥35%。

8.2.3 为了保证生态小区居民有充足的户外自然休憩空间，小区应设置集中公共绿地。集中绿地与宅旁绿地应有机结合。

8.2.4 集中公共绿地中的绿化用地面积≥70%。

8.2.5 小区主干道两侧宜种植以大乔木为主的行道树。

8.3 工程建设要点

8.3.1 绿地地形应有利于植物生长和地形排水。

8.3.2 水面驳岸不宜简单砌护成挡土墙，应结合岸边绿化自然设置，宜采用植被或天然石块等驳岸材料。植物养护浇水宜使用蓄积雨水或中水。

8.3.3 小区绿地中的铺地与路径面积以 15% ~30% 为宜。

8.3.4 除活动强度特别大的区域外，生态小区铺地均应采用可渗透型铺装形式或材料，尽量保持绿地的自然性，并利于补充城区地下水。

8.3.5 小区内建筑园林的体量要与周围环境空间相协调，体现园林建筑“精在体宜”的特点。

8.3.6 园林建筑及小品应利用节能、环保材料，特别是 3R 材料。

8.3.7 公共绿地中应设置照明设施。

8.3.8 公共绿地中应设置健身设施，并应设置儿童游戏设施。

8.3.9 绿地中主要道路均应做无障碍设计。

8.3.10 绿地植物配置应符合下列规定：

(1)应以乔木为绿化骨架，乔、灌、草互相结合，形成具有一定面积的立体种植，使设计群落具有最大自然性与生态效益；

(2)植物树种选择应以乡土树种和体现地带性植被景观为原则；

(3)宜选用病虫害少，无种毛果实污染、无刺、无毒的植物。应搭配一些开花结果的植物，引蝶招鸟，增加人工群落的生物丰富性；

(4)在住宅建筑的西侧应栽植高大乔木减少西晒；

(5)住宅建筑设计中可充分利用屋顶、阳台和错层布置空中绿化,利用墙面、自行车棚架、围墙等进行垂直绿化,增大立体绿化覆盖率;

(6)利用植物造景手法,创造具有个性的乔木-草本、灌木-草本或乔木-灌木-草本植物群落空间,同时充分展现植物的枝、干、叶、果、花等观赏特性,合理搭配,形成季相变化丰富的景观环境;

(7)充分利用绿地以外其他可利用的地面进行绿化。

9 废弃物管理及处置系统

9.1 一般要求

9.1.1 生活垃圾收集率应达到100%,分类率应达到70%。

9.1.2 生活垃圾收运密闭率应达到100%。

9.1.3 生活垃圾处理与处置率应达到100%。

9.1.4 生活垃圾回收利用率应达到50%。

9.1.5 生活垃圾收集系统的规划、设计、建设应同小区的总体规划、设计、建设同步进行。体现"谁污染谁治理,谁排放谁负担"的公平原则,管理与处置应以无害化、减量化和资源化为基本原则。

9.1.6 应设置袋装垃圾的收集设施。多层建筑按单元收集,高层建筑分层收集。

9.1.7 小区内居民的冰箱、电视、家具等应进行有计划收集和处理。

9.2 技术要点

9.2.1 生态小区的生活垃圾应全部实行袋装、密闭容器存放、集中处理或外运。

9.2.2 生活垃圾必须分类收集。应最大限度地实现生活垃圾的无害化、减量化和资源化。用于特种垃圾收集的器具,必须设有明显标志。

9.2.3 采用焚烧技术处理生活垃圾的生态小区,其垃圾焚烧产生的热能宜用于小区。

9.2.4 采用微生物技术处理生活垃圾的生态小区,应有残留微生物处理措施,以确保处理过程的安全。

9.3 工程建设要点

9.3.1 垃圾收集间(垃圾房)的设置应符合下列要求:

(1)垃圾房应隐蔽设置,全密闭,垃圾不外漏;

(2)应有冲洗、排水设施、冲洗水应排入污水处理站;

(3)应有除臭措施;

(4)满足垃圾存放容量和垃圾分类的要求。

9. 3. 2 垃圾转运车应符合下列要求：

(1)转运车应与垃圾收集方式相配套,专车专用；

(2)转运车必须封闭；

(3)转运车的噪声应符合噪声污染控制标准,时速限制为 20 km/h。

9. 3. 3 垃圾储运站的设置应符合下列要求：

(1)储运站宜每 0. 7 ~1 km^2 设置一座,与周围建筑物间隔不小于 5 m；

(2)应有除臭和消毒设施；

(3)应有冲洗、排水设计,冲洗水应排入污水处理站。储运站内应有垃圾渗液排放和防止外溢的设施。渗液应排入污水处理站；

(4)储运站外观应简洁,操作封闭,其飘尘、噪声、臭气、排水等指标应符合环境监测标准；

(5)储运站应有足够容量,以满足生活垃圾分类收集的需要；

(6)储运站宜设置在小区的下风向,位置隐蔽,便于垃圾转运；

(7)宜设置生活垃圾压缩装置。

9. 3. 4 生态小区内宜设置公共厕所,应符合二类公厕标准要求。

10 绿色建筑材料系统

10. 1 一般要求

10. 1. 1 小区建设采用的建筑材料中,3R 材料的使用量宜占所用材料的 30%。

10. 1. 2 建筑物拆除时,材料的总回收率达 40%。

10. 1. 3 小区建设中不得使用对人体健康有害的建筑材料或产品。

10. 2 绿色建筑材料选择要点

10. 2. 1 应选用生产能耗低、技术含量高、可集约化生产的建筑材料或产品。

10. 2. 2 应选用可循环使用的建筑材料和产品。

10. 2. 3 应根据实际情况尽量选用可再生的建筑材料和产品。

10. 2. 4 应选用可重复使用的建筑材料和产品。

10. 2. 5 应选用无毒、无害、无放射性、无挥发性有机物、对环境污染小、有益于人体健康的建筑材料和产品。

10. 2. 6 应采用已取得国家环境标志认可委员会批准,并被授予环境标志的建筑材料和产品。

10. 3 部分绿色建筑材料参考指标

10. 3. 1 天然石材产品放射性指标应符合下列要求：

室外 镭当量浓度≤1 000 Bq/kg

室内　镭当量浓度≤200 Bq/kg

10.3.2　水性涂料应符合下列要求：

(1)产品中挥发有机物(VOC)含量应小于250 g/L；

(2)产品生产过程中不得人为添加含有重金属的化合物，总含量应小于500 mg/kg(以铅计)；

(3)产品生产过程中不得人为添加甲醛及其甲醛的桑合物，含量应小于500 mg/kg。

10.3.3　低铅陶瓷制品铅溶出量极限值应符合下列要求：扁平制品0.3 mg/L；小空心制品2.0 mg/L；大空心制品1.0 mg/L；杯和大杯0.5 mg/L。

10.3.4　产品中不得含有石棉纤维。

10.3.5　黏合剂应符合下列要求：

(1)覆膜胶的生产过程中不得添加苯系物、卤代烃等有机溶剂；

(2)采用的建筑用黏合剂，产品生产过程中不得添加甲醇、卤代烃或苯系物；产品中不得添加汞、铅、镉、铬的化合物；

(3)采用的磷石膏建材，产品生产过程中使用的石膏原料应全部为磷石膏，产品浸出液各氟离子的浓度应≤0.5 mg/L。

10.3.6　人造木质板材中，甲醛释放量应小于0.20 mg/m^3；木地板中，甲醛释放量应小于0.12 mg/m^3；木地板所用涂料应是紫外光固化涂料。

附名词解释：

(1)能源系统(Residential Power Systems)

生态小区的能源系统，是指用于保障小区内居民日常生活所需的各种能源的总称。它由常规能源(如电、天然气、煤气等)系统和绿色能源(如太阳能、风能、地热能、废热资源等)系统组成。

(2)水环境系统(Water Environmental Systems)

生态小区的水环境系统，是指满足小区内居民水量，水质要求的前提下，将水资源综合利用技术集成一体的水环境系统。

它由小区给水、管道直饮水、中水、雨水收集、污水处理、排水等子系统组成。

(3)气环境系统(Air Power Systems)

生态小区的气环境系统，是指小区内居民所处的空气环境。它由住宅室外大气环境系统和室内空气环境系统组成。反映生态小区空气环境系统的主要指标是小区大气环境质量标准 和居民住宅室内空气污染物浓度控制标准。

(4)声环境系统(Sound Power Systems)

生态小区的声环境系统，是指为了保证小区住宅室内，室外声环境符合国家和本《导则》制定的声环境标准而采取的措施或建造的设施。

(5)光环境系统(Light Power Systems)

生态小区的光环境系统,是指小区内室外和室内的自然采光系统与人工照明系统。

(6)热环境系统(Thermal Power Systems)

生态小区的热环境系统,是指采用符合节能、环保、卫生、安全原则的住宅供暖,空调技术,使室内热环境达到一定的温、温度,并能根据气候条件和居住功能的变化进行调节,满足人体健康,舒适要求的室内热环境系统。

(7)绿化系统(Afforest Systems)

生态小区的绿化系统,是指由软质的植物、水体、地形和硬质的道路、园林小品休憩设施等内容组成的集中公共绿地和宅旁分散绿地等绿色开放空间。

(8)废弃物管理与处置系统(Waste Disposition and Management Systems)

生态小区的废弃物管理与处置系统,是指对小区内居民日常生活所产生的生活垃圾进行收集、管理、储存,并进行处理、处置的措施与设施。

(9)绿色建筑材料系统(Green Construction Material Systems)

绿色建筑材料系统,是指在生态小区的建设过程中所采用的符合国家绿色建筑材料的相关标准的各种材料或产品。应尽量使用已经取得国家认证的绿色建筑材料或产品。本《导则》所指的绿色建材系统,包括各系统中使用的设备,配套产品和住宅部品。

附录二

生态县、生态市、生态省建设指标(修订稿)

(环保部网站2008年1月15日发布)

一、生态县(含县级市)建设指标

1. 基本条件

(1)制订了《生态县建设规划》,并通过县人大审议、颁布实施。国家有关环境保护法律、法规、制度及地方颁布的各项环保规定、制度得到有效的贯彻执行。

(2)有独立的环保机构。环境保护工作纳入乡镇党委、政府领导班子实绩考核内容,并建立相应的考核机制。

(3)完成上级政府下达的节能减排任务。三年内无较大环境事件,群众反映的各类环境问题得到有效解决。外来入侵物种对生态环境未造成明显影响。

(4)生态环境质量评价指数在全省名列前茅。

(5)全县80%的乡镇达到全国环境优美乡镇考核标准并获命名。

2. 建设指标

	序号	名称	单位	指标	说明
经济发展	1	农民年人均纯收入 经济发达地区 县级市(区) 县 经济欠发达地区 县级市(区) 县	元/人	 ≥8 000 ≥6 000 ≥6 000 ≥4 500	约束性指标
	2	单位GDP能耗	吨标煤/万元	≤0.9	参考性指标
	3	单位工业增加值新鲜水耗 农业灌溉水有效利用系数	立方米/万元	≤20 ≥0.55	约束性指标
	4	主要农产品中有机、绿色及无公害产品种植面积的比重	%	≥60	参考性指标

	序号	名称	单位	指标	说明
生态环境保护	5	森林覆盖率 山区 丘陵区 平原地区 高寒区或草原区林草覆盖率	%	 ≥75 ≥45 ≥18 ≥90	约束性指标
	6	受保护地区占国土面积比例 山区及丘陵 平原地区		 ≥20 ≥15	约束性指标
	7	空气环境质量	—	达到功能区标准	约束性指标
	8	水环境质量 近岸海域水环境质量	—	达到功能区标准,且省控以上断面过境河流水质不降低	约束性指标
	9	噪声环境质量	—	达到功能区标准	约束性指标
	10	主要污染物排放强度 化学需氧气(COD) 二氧化硫(SO_2)	千克/万元(GDP)	 <4.0 <5.0 不超过国家总量控制指标	约束性指标
	11	城镇污水集中处理率 工业用水重复率	%	≥80 ≥80	约束性指标
	12	城镇生活垃圾无害化处理率 工业固体废物处置利用率	%	≥90 ≥90 且无危险废物排放	约束性指标
	13	城镇人均公共绿地面积	m^2	≥12	约束性指标
	14	农村生活用能中清洁能源所占比例	%	≥50	参考性指标
	15	秸秆综合利用率	%	≥95	参考性指标
	16	规模化畜禽养殖场粪便综合利用率	%	≥95	约束性指标
	17	化肥施用强度(折纯)	千克/公顷	<250	参考性指标
	18	集中式饮用水源水质达标率 标镇饮用水卫生合格率	%	100	约束性指标
	19	农村卫生厕所普及率	%	≥95	参考性指标
	20	环境保护投资占 GDP 的比重	%	≥3.5	约束性指标
社会进步	21	人口自然增长率	‰	符合国家或当地政策	约束性指标
	22	公众对环境的满意率	%	>95	参考性指标

二、生态市(含地级行政区)建设指标

1. 基本条件

(1)制订了《生态市建设规划》,并通过市人大审议、颁布实施。国家有关环境保护法律、法规、制度及地方颁布的各项环保规定、制度得到有效的贯彻执行。

(2)全市县级(含县级)以上政府(包括各类经济开发区)有独立的环保机构。环境保护工作纳入县(含县级市)党委、政府领导班子实绩考核内容,并建立相应的考核机制。

(3)完成上级政府下达的节能减排任务。三年内无较大环境事件,群众反映的各类环境问题得到有效解决。外来入侵物种对生态环境未造成明显影响。

(4)生态环境质量评价指数在全省名列前茅。

(5)全市80%的县(含县级市)达到国家生态县建设指标并获命名;中心城市通过国家环保模范城市考核并获命名。

2. 建设指标

	序号	名称	单位	指标	说明
经济发展	1	农民年人均纯收入 经济发达地区 经济欠发达地区	元/人	 ≥8 000 ≥6 000	约束性指标
	2	第三产业占GDP比例	%	≥40	参考性指标
	3	单位GDP能耗	吨标煤/万元	≤0.9	约束性指标
	4	单位工业增加值新鲜水耗 农业灌溉水有效利用系数	立方米/万元	≤20 ≥0.55	约束性指标
	5	应当实施强制性清洁生产企业通过验收的比例	%	100	约束性指标
生态环境保护	6	森林覆盖率 山区 丘陵区 平原地区 高寒区或草原区林草覆盖率	%	 ≥70 ≥40 ≥15 ≥85	约束性指标
	7	受保护地区占国土面积比例		≥17	约束性指标

	序号	名称	单位	指标	说明
生态环境保护	8	空气环境质量	—	达到功能区标准	约束性指标
	9	水环境质量 近岸海域水环境质量	—	达到功能区标准,且城市无劣V类水体	约束性指标
	10	主要污染物排放强度 化学需氧气(COD) 二氧化硫(SO_2)	千克/万元(GDP)	<4.0 <5.0 不超过国家总量控制指标	约束性指标
	11	集中式饮用水源水质达标率	%	100	约束性指标
	12	城市污水集中处理率 工业用水重复率	%	≥85 ≥80	约束性指标
	13	噪声环境质量	—	达到功能区标准	约束性指标
	14	城镇生活垃圾无害化处理率 工业固体废物处置利用率	%	≥90 ≥90 且无危险废物排放	约束性指标
	15	城镇人均公共绿地面积	m^2/人	≥11	约束性指标
	16	环境保护投资占 GDP 的比重	%	≥3.5	约束性指标
社会进步	17	城市化水平	%	≥55	参考性指标
	18	采暖地区集中供热普及率	%	≥65	参考性指标
	19	公众对环境的满意率	%	>90	参考性指标

三、生态省建设指标

1. 基本条件

(1)制订了《生态省建设规划纲要》,并通过省人大常委会审议、颁布实施。国家有关环境保护法律、法规、制度及地方颁布的各项环保规定、制度得到有效的贯彻执行。

(2)全省县级(含县级)以上政府(包括各类经济开发区)有独立的环保机构。环境保护工作纳入市(含地级行政区)党委、政府领导班子实绩考核内容,并建立相应的考核机制。

(3)完成国家下达的节能减排任务。三年内无重大环境事件,群众反映的各类环境问题得到有效解决。外来入侵物种对生态环境未造成明显影响。

(4)生态环境质量评价指数位居国内前列或不断提高。

(5)全省 80% 的地市达到生态市建设指标并获命名。

2. 建设指标

	序号	名称	单位	指标	说明
经济发展	1	农民年人均纯收入 东部地区 中部地区 西部地区	元/人	≥8 000 ≥6 000 ≥4 500	约束性指标
	2	城镇居民年人均可支配收入 东部地区 中部地区 西部地区城	万人	≥16 000 ≥14 000 ≥12 000	约束性指标
	3	环保产业比重	%	≥10	参考性指标
生态环境保护	4	森林覆盖率 山区 丘陵区 平原地区 高寒区或草原区林草覆盖率	%	≥65 ≥35 ≥12 ≥80	约束性指标
	5	受保护地区占国土面积比例	%	≥15	约束性指标
	6	退化土地恢复率	%	≥90	参考性指标
	7	物种保护指数	—	≥0.9	参考性指标
	8	主要河流年水消耗量 省内河流 跨省河流	—	40% 不超过国家分配的水资源量	参考性指标
	9	地下水超采率	%	0	参考性指标
	10	主要污染物排放强度 化学需氧气(COD) 二氧化硫(SO_2)	千克/万元(GDP)	<5.0 <6.0 不超过国家总量控制指标	约束性指标
	11	降水 pH 值年均值 酸雨频率	%	≥50 <30	约束性指标
	12	空气环境质量	—	达到功能区标准	约束性指标
	13	水环境质量 近岸海域水环境质量	—	达到功能区标准,且过境河流水质达到国家规定要求	约束性指标
	14	环境保护投资占 GDP 的比重	%	≥3.5	约束性指标
社会进步	15	城市化水平	%	≥50	参考性指标
	16	基尼系数	—	0.3~0.4 之间	参考性指标

四、指标解释

（一）生态县

第一部分　基本条件

1. 制订了《生态县建设规划》，并通过县人大审议、颁布实施。国家有关环境保护法律、法规、制度及地方颁布的各项环保规定、制度得到有效的贯彻执行。

指标解释：按照《生态县、生态市建设规划编制大纲（试行）》（环办〔2004〕109号），组织编制或修订完成生态县（市、区）建设规划。通过有关专家论证后，由当地政府提请同级人大审议通过后颁布实施。

规划文本和批准实施的文件报国家环保总局备案。规划应实施2年以上。

严格执行国家和地方的生态环境保护法律法规，并根据当地的生态环境状况，制订本地区生态环境保护与建设的政策措施；严格执行项目建设和资源开发的环境影响评价和“三同时”制度。主要工业污染源达标率100%，小造纸、小化工、小制革、小印染、小酿造等不符合国家产业政策的企业全部关停。

数据来源：当地政府或各有关部门的文件、实施计划。

2. 有独立的环保机构。环境保护工作纳入乡镇党委、政府领导班子实绩考核内容，并建立相应的考核机制。

指标解释：设有独立的环保机构，将环境保护纳入党政领导干部政绩考核。成立以政府主要负责人为组长、有关部门负责人参加的创建工作领导小组，下设办公室。评优创先活动实行环保一票否决。

数据来源：当地政府或各有关部门的文件。

3. 完成上级政府下达的节能减排任务。三年内无较大环境事件，群众反映的各类环境问题得到有效解决。外来入侵物种对生态环境未造成明显影响。

指标解释：按照国务院印发的《节能减排综合性工作方案》，明确各乡镇各部门实现节能减排的目标任务和总体要求，完成年度节能减排任务。

较大环境事件，指“国家突发环境事件应急预案”规定的较大环境事件（III级）以上（含III级）的环境事件，具体要求详见上述预案。及时查处、反馈群众投诉的各类环境问题。

外来入侵物种指在当地生存繁殖，对当地生态或者经济构成破坏的外来物种。

数据来源：发展改革、环保等部门。

4. 生态环境质量评价指数在全省名列前茅。

指标解释：按照《生态环境状况评价技术规范（试行）》（HJ/T 192—2006）开展区域生态环境质量状况评价。

生态环境质量评价指数连续三年在全省排名前10位（不含已命名生态县的排名）。

数据来源:环保部门。

5. 全县80%的乡镇达到全国环境优美乡镇考核标准并获命名。

指标解释:全县(含县级市、区)80%的乡镇(街道)被命名为“全国环境优美乡镇(街道)”。

数据来源:环保部门。

第二部分　建设指标

1. 农民年人均纯收入

指标解释:指乡镇辖区内农村常住居民家庭总收入中,扣除从事生产和非生产经营费用支出、缴纳税款、上交承包集体任务金额以后剩余的,可直接用于进行生产性、非生产性建设投资、生活消费和积蓄的那一部分收入。

数据来源:统计部门。

2. 单位GDP能耗

指标解释:指万元国内生产总值的耗能量。计算公式为:

$$\text{单位 GDP 能耗} = \frac{\text{总能耗(吨标煤)}}{\text{国内生产总值(万元)}}$$

数据来源:统计、经济综合管理、能源管理等部门。

3. 单位工业增加值新鲜水耗、农业灌溉水有效利用系数

(1)单位工业增加值新鲜水耗

指标解释:工业用新鲜水量指报告期内企业厂区内用于生产和生活的新鲜水量(生活用水单独计量且生活污水不与工业废水混排的除外),它等于企业从城市自来水取用的水量和企业自备水用量之和。工业增加值指全部企业工业增加值,不限于规模以上企业工业增加值。计算公式为:

$$\text{单位工业增加值新鲜水耗} = \frac{\text{工业用新鲜水量}(m^3)}{\text{工业增加值(万元)}}$$

数据来源:统计、经贸、水利、环保等部门。

(2)农业灌溉水有效利用系数

指标解释:指田间实际净灌溉用水总量与毛灌溉用水总量的比值。毛灌溉用水总量指在灌溉季节从水源引入的灌溉水量;净灌溉用水总量指在同一时段内进入田间的灌溉用水量。计算公式为:

$$\text{农业灌溉水有效利用系数} = \frac{\text{净灌溉用水总量}}{\text{毛灌溉用水总量}} \times 100\%$$

数据来源:水利、农业、统计部门。

4. 主要农产品中有机、绿色及无公害产品种植面积的比重

指标解释:指有机、绿色及无公害产品种植面积与农作物播种总面积的比例。

有机、绿色及无公害产品种植面积不能重复统计。计算公式为：

$$\text{有机、绿色及无公害产品种植面积的比重} = \frac{\text{有机、绿色及无公害产品种植面积}}{\text{农作物种植总面积}} \times 100\%$$

数据来源：农业、林业、环保、质检、统计部门。

5. 森林覆盖率

指标解释：森林覆盖率指森林面积占土地面积的比例。高寒区或草原区林草覆盖率是指区内林地、草地面积之和与总土地面积的百分比。计算公式为：

$$\text{林草覆盖率} = \frac{\text{林草地面积之和}}{\text{土地总面积}} \times 100\%$$

数据来源：统计、林业、农业、国土资源部门。

6. 受保护地区占国土面积比例

指标解释：指辖区内各类（级）自然保护区、风景名胜区、森林公园、地质公园、生态功能保护区、水源保护区、封山育林地等面积占全部陆地（湿地）面积的百分比，上述区域面积不得重复计算。

数据来源：统计、环保、建设、林业、国土资源、农业等部门。

7. 空气环境质量

指标解释：指辖区空气环境质量达到国家有关功能区标准要求，目前执行 GB 3095—1996《环境空气质量标准》和 HJ 14—1996《环境空气质量功能区划分原则与技术方法》。

数据来源：环保部门。

8. 水环境质量、近岸海域水环境质量

指标解释：按规划的功能区要求达到相应的国家水环境或海水环境质量标准。目前采用 GB 3838—2002《地表水环境质量标准》、GB/T 14848—93《地下水环境质量标准》和 GB 3097—1997《海水水质标准》。

省控以上断面过境河流水质不降低。

数据来源：环保部门。

9. 噪声环境质量

指标解释：指城市区域按规划的功能区要求达到相应的国家声环境质量标准。目前采用 GB 3096—93《城市区域环境噪声标准》。

数据来源：环保部门。

10. 主要污染物排放强度

指标解释：指单位 GDP 所产生的主要污染物数量。按照节能减排的总体要求，本指标计算化学需氧量（COD）和二氧化硫（SO_2）的排放强度。计算公式为：

$$主要污染物排放强度=\frac{全年COD或SO_2排放总量(千克)}{全年国内生产总值(万元)}$$

COD 和 SO_2的排放不得超过国家总量控制指标,且近三年逐年下降。

数据来源:环保部门。

11. 城镇污水集中处理率、工业用水重复率

(1)城镇污水集中处理率

指标解释:城镇污水集中处理率指城市及乡镇建成区内经过污水处理厂二级或二级以上处理,或其他处理设施处理(相当于二级处理),且达到排放标准的生活污水量与城镇建成区生活污水排放总量的百分比。计算公式为:

$$生活污水集中处理率=\frac{二级污水处理厂处理量+一级污水处理厂、排江、排海工程处理量\times 0.7+氧化塘、氧化沟、沼气池及湿地处理系统处理量\times 0.5}{城镇建成区生活污水排放总量}\times 100\%$$

数据来源:建设、环保部门。

(2)工业用水重复率

指标解释:指工业重复用水量占工业用水总量的比值。计算公式为:

$$工业用水重复率=\frac{工业重复用水量}{工业用水总量}\times 100\%$$

数据来源:统计、发展改革、经贸、环保部门。

12. 城镇生活垃圾无害化处理率、工业固体废物处置利用率

指标解释:城镇生活垃圾无害化处理率指城市及建制镇生活垃圾资源化量占垃圾清运量的比值。工业固体废物处置利用率指工业固体废物处置及综合利用量占工业固体废物产生量的比值。无危险废物排放。有关标准采用 GB 18599—2001《一般工业固体废弃物储存、处置场污染控制标准》、GB 18485—2001《生活垃圾焚烧污染控制标准》、GB 16889—1997《生活垃圾填埋污染控制标准》。

数据来源:环保、建设、卫生部门。

13. 城镇人均公共绿地面积

指标解释:指城镇公共绿地面积的人均占有量。公共绿地包括公共人工绿地、天然绿地,以及机关、企事业单位绿地。

数据来源:统计、建设部门。

14. 农村生活用能中清洁能源所占比例

指标解释:指农村用于生活的全部能源中清洁能源所占的比例。清洁能源是指环境污染物和温室气体零排放或者低排放的一次能源,主要包括天然气、核电、

水电及其他新能源和可再生能源等。

数据来源:统计、经贸、能源、农业、环保等部门。

15. 秸秆综合利用率

指标解释:指综合利用的秸秆数量占秸秆总量的比例。秸秆综合利用包括秸秆气化、饲料、秸秆还田、编织、燃料等。计算公式为:

$$\text{秸秆综合利用率}=\frac{\text{综合利用的秸秆数量}}{\text{农村秸秆总量}}\times 100\%$$

数据来源:统计、农业、环保部门。

16. 规模化畜禽养殖场粪便综合利用率

指标解释:指集约化、规模化畜禽养殖场通过还田、沼气、堆肥、培养料等方式利用的畜禽粪便量与畜禽粪便产生总量的比例。有关标准按照 GB 18596—2001《畜禽养殖业污染物排放标准》和《畜禽养殖污染防治管理办法》执行。

数据来源:环保、农业部门。

17. 化肥施用强度(折纯)

指标解释:指本年内单位面积耕地实际用于农业生产的化肥数量。化肥施用量要求按折纯量计算。折纯量是指将氮肥、磷肥、钾肥分别按含氮、含五氧化二磷、含氧化钾的百分之百成分进行折算后的数量。复合肥按其所含主要成分折算。计算公式为:

$$\text{化肥施用强度}=\frac{\text{化肥施用量(千克)}}{\text{耕地面积(公顷)}}$$

数据来源:农业、统计、环保部门。

18. 集中式饮用水源水质达标率、村镇饮用水卫生合格率

(1)集中式饮用水源水质达标率

指标解释:指城镇集中饮用水水源地,其地表水水源水质达到 GB 3838—2002《地表水环境质量标准》III 类标准和地下水水源水质达到 GB/T 14848—1993《地下水质量标准》Ⅲ类标准的水量占取水总量的百分比。计算公式为:

$$\begin{array}{c}\text{集中式饮用水源}\\\text{水质达标率}\end{array}=\frac{\text{各饮用水水源地取水水质达标量之和}}{\text{各饮用水水源地取水量之和}}\times 100\%$$

数据来源:建设、卫生、环保等部门。

(2)村镇饮用水卫生合格率

指标解释:指以自来水厂或手压井形式取得饮用水的农村人口占农村总人口的百分率,雨水收集系统和其他饮水形式的合格与否需经检测确定。饮用水水质符合国家生活饮用水卫生标准的规定,且连续三年未发生饮用水污染事故。计算公式为:

$$村镇饮用水卫生合格率=\frac{取得合格饮用水农村人口数}{农村人口总数}\times 100\%$$

数据来源:环保、卫生、建设等部门。

19. 农村卫生厕所普及率

指标解释:指使用卫生厕所的农户数占农户总户数的比例。卫生厕所标准执行 GB 19379－2003《农村户厕卫生标准》。

数据来源:卫生、建设部门。

20. 环境保护投资占 GDP 的比重

指标解释:指用于环境污染防治、生态环境保护和建设投资占当年国内生产总值(GDP)的比例。要求近三年污染治理和生态环境保护与恢复投资占 GDP 比重不降低或持续提高。计算公式为:

$$环保投资占\ GDP\ 的比重=\frac{污染防治投资+生态环境保护和建设投资}{国内生产总值(GDP)}\times 100\%$$

数据来源:统计、发展改革、建设、环保部门。

21. 人口自然增长率

指标解释:指在一定时期内(通常为一年)人口净增加数(出生人数减死亡人数)与该时期内平均人数(或期中人数)之比,采用千分率表示。计算公式为:

$$人口自然增长率=\frac{本年出生人数-本年死亡人数}{年平均人数}\times 1\,000‰$$

数据来源:计划生育、统计部门。

22. 公众对环境的满意率

指标解释:指公众对环境保护工作及环境质量状况的满意程度。

数据来源:现场问卷调查。

(二)生态市

第一部分　基本条件

指标解释参照生态县的相关内容。"生态环境质量评价指数在全省名列前茅"是指生态环境质量评价指数连续三年在全省排名前 3 位(不含已命名生态市的排名)。

第二部分　建设指标

1. 农民年人均纯收入

指标解释参照生态县的相关内容。

2. 第三产业占 GDP 比例

指标解释:指第三产业的产值占国内生产总值的比例。计算公式为:

$$第三产业占\ GDP\ 比例=\frac{第三产业产值}{国内生产总值(GDP)}\times 100\%$$

数据来源:统计部门。

3. 单位GDP能耗

指标解释参照生态县的相关内容。

4. 单位工业增加值新鲜水耗、农业灌溉水有效利用系数

指标解释参照生态县的相关内容。

5. 应当实施强制性清洁生产企业通过验收的比例

指标解释:《清洁生产促进法》规定:污染物排放超过国家和地方规定的排放标准或者超过经有关地方人民政府核定的污染物排放总量控制标准的企业,应当实施清洁生产审核;使用有毒、有害原料进行生产或者在生产中排放有毒、有害物质的企业,应当定期实施清洁生产审核。同时规定,省级环保部门在当地主要媒体上定期公布污染物超标排放或者污染物排放总量超过规定限额的污染严重企业的名单。

数据来源:经贸、环保、统计部门。

6. 森林覆盖率

指标解释参照生态县的相关内容。

7. 受保护地区占国土面积比例

指标解释参照生态县的相关内容。

8. 空气环境质量

指标解释参照生态县的相关内容。

9. 水环境质量、近岸海域水环境质量

指标解释参照生态县的相关内容。

10. 主要污染物排放强度

指标解释参照生态县的相关内容。

11. 集中式饮用水源水质达标率

指标解释参照生态县的相关内容。

12. 城市污水集中处理率、工业用水重复率

(1)城市污水集中处理率

指标解释:是指城市市区经过城市污水处理厂二级或二级以上处理且达到排放标准的污水量与城市污水排放总量的百分比。计算公式为:

$$\text{城市污水集中处理率}=\frac{\text{城市污水处理厂处理污水量(万吨)}}{\text{城市污水排放总量(万吨)}}\times 100\%$$

数据来源:建设、环保部门。

(2)工业用水重复率

指标解释参照生态县的相关内容。

13. 噪声环境质量

指标解释参照生态县的相关内容。

14. 城镇生活垃圾无害化处理率、工业固体废物处置利用率

指标解释参照生态县的相关内容。

15. 城镇人均公共绿地面积

指标解释参照生态县的相关内容。

16. 环境保护投资占 GDP 的比重

指标解释参照生态县的相关内容。

17. 城市化水平

指标解释:指城镇建成区内总人口占地区总人口的比重。计算公式为:

$$城市化水平=\frac{城镇建成区内总人口数}{市(县)总人口数}\times 100\%$$

数据来源:统计部门。

18. 采暖地区集中供热普及率

指标解释:指城市市区集中供热设备供热总容量占市区供热设备总容量的百分比。计算公式为:

$$市区集中供热普及率=\frac{市区集中供热设备供热总容量(兆瓦)}{市区供热设备供热总容量(兆瓦)}\times 100\%$$

数据来源:建设部门。

19. 公众对环境的满意率

指标解释参照生态县的相关内容。

(三)生态省

第一部分　基本条件

指标解释参照生态县的相关内容。

第二部分　建设指标

1. 农民年人均纯收入

指标解释参照生态县的相关内容。

2. 城镇居民年人均可支配收入

指标解释:指城镇居民家庭在支付个人所得税、财产税及其他经常性转移支出后所余下的人均实际收入。

数据来源:统计部门。

3. 环保产业比重

指标解释:指环保产业产值占国内生产总值(GDP)的比重。环保产业是环境保护相关产业的简称,指国民经济结构中为环境污染防治、生态保护与恢复、有效

利用资源、满足人居环境需求,为社会、经济可持续发展提供产品和服务支持的产业。它不仅包括污染控制与减排、污染清理及废物处理等方面提供产品与技术服务的狭义内涵,还包括涉及产品生命周期过程中对环境友好的技术与产品、节能技术、生态设计及与环境相关的服务等。

数据来源:统计、发展改革、经贸、环保部门。

4. 森林覆盖率

指标解释参照生态县的相关内容。

5. 受保护地区占国土面积比例

指标解释参照生态县的相关内容。

6. 退化土地恢复率

指标解释:土地退化是指由于使用土地或由于一种营力或数种营力结合致使雨浇地、水浇地或草原、牧场、森林和林地的生物或经济生产力和复杂性下降或丧失,其中主要包括:(1)风蚀和水蚀致使土壤物质流失;(2)土壤的物理、化学和生物特性或经济特性退化;(3)自然植被长期丧失。本指标计算以水土流失为例,水利部规定小流域侵蚀治理达标标准是,土壤侵蚀治理程度达70%。其他土地退化,如沙漠化、盐渍化、矿产开发引起的土地破坏等也可类推。计算公式为:

$$退化土地恢复率 = \frac{已恢复的退化土地总面积}{退化土地总面积} \times 100\%$$

数据来源:水利、林业、国土、农业部门。

7. 物种保护指数

指标解释:指考核年动植物物种现存数与生态省建设规划基准年动植物物种总数之比。计算公式为:

$$物种保护指数 = \frac{考核年动植物物种数}{基准年动植物物种数}$$

数据来源:林业、农业、环保部门。

8. 主要河流年水消耗量

指标解释:对省域内主要河流,国际上通常将40%的水资源消耗作为临界值;对跨省主要河流,水资源的消耗不得超过国家分配的水资源量。

数据来源:水利部门。

9. 地下水超采率

指标解释:指一年内区域地下水开发利用量超过可采地下水资源总量的比例。

数据来源:水利、国土资源、建设部门。

10. 主要污染物排放强度

指标解释参照生态县的相关内容。

11. 降水 pH 值年均值、酸雨频率

降水 pH 值年均值指一年降水酸度(pH 值)的平均值。酸雨频率指一年的降水总次数中,pH 值小于 5.6 的降水发生比例。

数据来源:环保部门。

12. 空气环境质量

指标解释参照生态县的相关内容。

13. 水环境质量,近岸海域水环境质量

指标解释参照生态县的相关内容。

14. 环境保护投资占 GDP 的比重

指标解释参照生态县的相关内容。

15. 城市化水平

指标解释参照生态市的相关内容。

16. 基尼系数

指标解释:是用来反映社会收入分配平等状况的指数。基尼系数一般介于 0~1 之间,0 表示收入绝对平均,1 表示收入绝对不平均,小于 0.2 表示收入高度平均,大于 0.6 表示收入高度不平均。0.3~0.4 之间表示较为合理。国际上一般把 0.4 作为警戒线。基尼系数的计算方法:按人均收入由低到高进行排序,分成若干组(如果不分组,则每一户或每一人为一组),计算每组收入占总收入比重(W_i)和人口比重(P_i),计算公式为:

$$G = 1 - \sum_{i=1}^{n} P_i \cdot (2Q_i - W_i)$$

其中:

$$Q_i = \sum_{k=1}^{i} Wk$$

或

$$G = 1 - \sum_{i=1}^{n} P_i \cdot (2\sum_{k=1}^{i} W_k - W_i)$$

数据来源:统计部门。

附录三

全国文明城市中可持续发展的生态环境的测评体系

（2011 年版）

一、全国文明城市（城区）定义

全国文明城市（城区）是指，在全面建设小康社会，加快推进社会主义现代化新的发展阶段，坚持以邓小平理论和“三个代表”重要思想为指导，深入贯彻落实科学发展观，经济建设、政治建设、文化建设和社会建设全面发展，精神文明建设成绩显著，市民文明素质和文明程度较高的城市（城区）。全国文明城市（城区）称号是反映城市（城区）社会文明水平的综合性荣誉称号。

二、申报条件

获得全国文明城市（城区）、全国创建文明城市工作先进城市（城区）荣誉称号。

未成年人思想道德建设工作成效作为前置条件。

有以下情形之一的城市（城区）不得申报：

（1）申报前 12 个月内市委书记（区委书记）、市长（区长）严重违纪、违法犯罪；

（2）申报前 12 个月内曾发生有全国影响的重大安全事故、重大食品药品安全事故、危害国家安全和社会政治稳定的重大事件、重大刑事案件、重大环境污染事件。

三、测评体系的结构与内容

1. 结构：测评体系包括“基本指标”和“特色指标”。基本指标反映文明城市（城区）创建的基本情况，共设置了 9 个测评项目、36 项测评指标。特色指标反映城市（城区）精神文明创建工作特色、城市（城区）整体形象，共 4 条（城区 5 条）。在基本指标中设置了 5 个调节性测评内容，用“ * ”标示，考核西部、中部和东北部城市时，这 5 项测评内容的标准适当下调。

2. 基本指标的测评项目：廉洁高效的政务环境、民主公正的法治环境、公平诚信的市场环境、健康向上的人文环境、有利于青少年健康成长的社会文化环境、舒适便利的生活环境、安全稳定的社会环境、可持续发展的生态环境、扎实有效的创建活动。其中可持续发展的生态环境的测评体系如表：

可持续发展的生态环境的测评体系

<table>
<tr><th>测评项目</th><th>指标名称</th><th>测评内容</th><th colspan="3">测评标准</th><th>测评方法</th><th>权数</th></tr>
<tr><td rowspan="9">Ⅰ-8
可持续发展的生态环境</td><td rowspan="5">Ⅱ-31
城市绿化</td><td rowspan="2">Ⅲ-101
建成区绿化覆盖率*</td><td>>35%</td><td>>30%</td><td>≤30%</td><td rowspan="2">材料审核</td><td rowspan="2">2.38</td></tr>
<tr><td>>25%</td><td>>20%</td><td>≤20%</td></tr>
<tr><td rowspan="2">Ⅲ-102
建成区绿地率*</td><td>>30%</td><td>>25%</td><td>≤25%</td><td rowspan="2">材料审核</td><td rowspan="2">1.92</td></tr>
<tr><td>>20%</td><td>>15%</td><td>≤15%</td></tr>
<tr><td>Ⅲ-103
人均公园绿地</td><td>>8
平方米</td><td>>6
平方米</td><td>≤6
平方米</td><td>材料审核</td><td>1.75</td></tr>
<tr><td rowspan="2">Ⅱ-32
环境管理与环境质量</td><td>Ⅲ-104
生活垃圾无害化处理和危险废弃物的处置</td><td colspan="3">1)生活垃圾无害化处理率>85%
2)工业危险废弃物处置率为100%
3)医疗危险废弃物处置率为100%
符合上述3项标准为A;
符合2项标准为B;
其余情形为C</td><td>材料审核</td><td>3.26</td></tr>
<tr><td>Ⅲ-105
城市污水处理率</td><td>>80%</td><td>>75%</td><td>≤75%</td><td>材料审核</td><td>2.65</td></tr>
</table>

注:①Ⅲ-101 建成区绿化覆盖率,该项测评内容所涉及的数据,从各省区市统计年鉴中获取。

②Ⅲ-103 人均公园绿地,该项测评内容所涉及的数据,从各省区市统计年鉴中获取。

③Ⅲ-104 中的数据从环境保护部年度城市环境综合整治定量考核中获取。

④Ⅲ-105 中的数据从《中国城市建设统计年鉴》中获取。

测评项目	指标名称	测评内容	测评标准			测评方法	权数
Ⅰ-8 可持续发展的生态环境	Ⅱ-32 环境管理与环境质量	Ⅲ-106 环境保护投资指数	>2.0%	>1.5%	≤1.5%	材料审核	3.69
		Ⅲ-107 城市空气质量	空气质量优良天数>310天;主要污染物年日均值均满足国家二级标准	空气质量优良天数>292天;主要污染物年日均值均满足国家二级标准	空气质量优良天数≤292天;主要污染物年日均值均满足国家二级标准	材料审核	3.75
		Ⅲ-108 工业企业污染防治	1)重点工业主要污染物排放稳定达标率≥90%; 2)国控重点工业企业安装污染物排放自动监控设施,确保其正常运行,并与当地环保部门联网; 3)全市完成强制淘汰落后工艺设备的要求; 4)"双超"、"双有"企业完成清洁生产审核,并通过省级环保部门组织的评估验收。 符合上述4项标准为A;符合3项标准为B;符合2项标准为C;其余情形为C#			材料审核	3.45
		Ⅲ-109 区域环境噪声平均值和交通干线噪声平均值	1)区域环境噪声平均值<60 dB(A); 2)交通干线噪声平均值<70 dB(A)。 符合上述2项标准为A;符合1项标准为B;其余情形为C。			材料审核	3.45
		Ⅲ-110 城市水环境功能区水质达标率	100%	≥95%	≥90%	材料审核	3.45

注:①Ⅲ-106、Ⅲ-107、Ⅲ-108、Ⅲ-109、Ⅲ-110中的数据从环境保护部年度城市环境综合整治定量考核中获取。

②Ⅲ-107城市空气质量中的空气质量优良天数指全年API<100(空气污染指数低于或等于100)的天数;主要污染物指PM10、SO_2和NO_2。空气质量优良天数≤256天或主要污染物年日均值不满足国家二级标准的为C#。

③Ⅲ-108工业企业污染防治的标准1)、2)中"重点企业"指环境统计中"重点调查工业企业";3)完成强制淘汰落后工艺设备的要求指:完成《产业结构调整目录(淘汰类)(2005)》中的具体要求;4)中的"双超"、"双有"企业是指污染物排放超过国家和地方规定的排放标准或者超过经有关地方人民政府核定的污染物排放总量控制指标,以及使用有毒、有害原料进行生产或者在生产中排放有毒、有害物质的企业。环保部《关于深入推进重点企业清洁生产的通知》(环发[2010]54号)附件一《重点企业清洁生产行业分类管理名录》中所列行业的企业全部为"双有"企业;"其余情形为C#"中的"其余情形"包括被国家环保部门通报双挂牌督办或区域限批的为C#。

④Ⅲ-110城市水环境功能区水质达标率≤80%或市辖区有劣Ⅴ类或黑臭水体的为C#。

测评项目	指标名称	测评内容	测评标准			测评方法	权数
Ⅰ-8 可持续发展的生态环境	Ⅱ-32 环境管理与环境质量	Ⅲ-111 公众对城市环保的满意率	>75%	>70%	≤70%	材料审核	4.28
		Ⅲ-112 节能减排	1)建立节能减排工作责任制; 2)完成上级下达的年度节能任务; 3)完成上级下达的年度减排任务。 符合上述3项标准为A;其余情形为C#。			材料审核	4.20
	Ⅱ-33 土地资源管理	Ⅲ-113 耕地、林地保护	1)耕地保有量不低于上级下达的规划指标; 2)基本农田数量不低于上级下达的规划指标; 3)新增建设用地不超过上级下达的计划指标; 4)单位建设用地GDP增幅高于城市GDP增幅; 5)征占用林地定额不超过上级下达的规划指标。 符合上述5项标准为A;其余情形为C#			材料审核	4.06
		Ⅲ-114 土地利用秩序	1)国土资源管理规范,土地利用秩序良好; 2)本年度内违法占用耕地面积占新增建设用地占用耕地总面积的比例≤5%; 3)本年度内违法占用耕地面积占新增建设用地占用耕地总面积的比例≤10%。 符合标准1)、2)为A;符合标准1)、3)为B;其余情形为C#			材料审核	3.26

注:①Ⅲ-111公众对城市环保的满意率<50%为C#。该指标采用国家统计局每年一次的公众调查统计数据。

②Ⅲ-113耕地保护中的标准1)、标准2)中的规划指标指:根据依法批准的城市土地利用总体规划中的相关指标;标准3)中的计划指标指:上级下达的城市年度土地利用计划;数据来源为城市的年度土地变更调查中获取的数据。

主要指标解释:

【企业社会责任】指企业为实现自身与社会的可持续发展,遵循法律、道德和商业伦理,自愿在运营全过程中对利益相关方和自然环境负责,追求经济、社会和环境的综合价值最大化的行为。

【建成区绿化覆盖率】建成区绿化覆盖面积指城市建成区内一切用于绿化的乔灌木和多年生草本植物的垂直投影面积。

建成区绿化覆盖率=建成区绿化覆盖面积/建成区面积×100%。

【建成区绿地率】建成区绿地率=建成区绿地面积/建成区面积×100%。

【生活垃圾无害化处理率】指生活垃圾无害化处理量与生活垃圾产生量的比

率。在统计时,由于生活垃圾的产生量不易计算,可用清运量代替。

生活垃圾无害化处理率 = 生活垃圾无害化处理量/生活垃圾产生量 ×100%。

【工业危险废弃物处置率】指工业危险废弃物的处置量占总产生量的百分比。

工业危险废弃物处置率 = 工业危险废弃物处置量/工业危险废弃物产生量 ×100%。

【医疗危险废弃物处置率】指医疗危险废弃物的处置量占总产生量的百分比。

医疗危险废弃物处置率 = 医疗危险废弃物处置量/医疗危险废弃物产生量 ×100%。

【城市污水处理率】指城市市区经过城市污水处理厂或其他污水处理设施,经过二级或二级以上处理且达到排放标准的污水量与城市污水排放总量的百分比。

城市污水处理率 =(城市污水处理厂处理的污水量 + 其他污水处理设施处理的污水量)/城市污水排放总量 ×100%。

【环境保护投资指数】指当年城市环境保护投资占当年城市国内生产总值的百分比。

环境保护投资指数 = 城市环境保护投资(万元)/城市国内生产总值 ×100%。

【人均公园绿地】指城市居民人均占有的公园绿地面积。

人均公园绿地 = 公园绿地面积(m^2)/建成区内城区人口数量(人)。

【公园绿地】指城市中向公众开放的、以游憩为主要功能,有一定的游憩设施和服务设施,同时兼有健全生态、美化景观、防灾减灾等综合作用的绿化用地,共分5大类11小类:一是综合公园 ,含全市性公园、区域性公园;二是社区公园,包括居住区公园、小区游园;三是专类公园,含有儿童公园、动物园、植物园、历史名园、风景名胜公园、游乐公园、其他专类公园;四是带状公园;五是街旁绿地。简言之,公园绿地,并非公园和绿地的叠加,而是对具有公园作用的所有绿地的统称,即公园性质的绿地。

附录四

鞍山市创建全国文明城市工作方案

文明城市是“五个文明”建设协调发展，经济和社会各项事业全面进步，精神文明建设取得显著成就，市民整体素质和城市文明程度较高的城市。创建文明城市的根本目的是为人民谋福祉，为百姓办实事，让城市更文明，让生活更美好。我市已经连续14年开展文明城市创建活动，先后荣获“全国创建文明城市工作先进市”和“全国文明城市提名资格城市”称号。创建全国文明城市只有起点，没有终点。为促进我市“五位一体”建设全面协调发展，推进富庶文明幸福新鞍山建设，市委、市政府决定，继续深入开展创建全国文明城市活动，建设“五个鞍山”（实力鞍山、素质鞍山、美丽鞍山、诚信鞍山、幸福鞍山），为此特制定本方案。

一、指导思想

坚持以邓小平理论、“三个代表”重要思想、科学发展观为指导，全面贯彻落实党的十八大精神，以实现人的全面发展为最终目标，以促进经济发展为主线，以群众性创建活动为载体，切实加强思想道德和城市基础设施建设，全面提高城市管理水平，努力把我市建设成为经济繁荣、环境优美、秩序优良、服务优质、品德高尚的现代化文明城市。

二、奋斗目标

全国文明城市创建工作要紧紧围绕建设“实力鞍山、素质鞍山、美丽鞍山、诚信鞍山、幸福鞍山”，全面展开，整体推进，确保2013年我市文明城市测评成绩在全国地级市中处于领先水平，争取2014年获得“全国文明城市”称号。在此基础上，进一步丰富创建内容，提高创建质量，推进“五个鞍山”建设协调发展，率先实现全面建成小康社会奋斗目标。

三、主要任务

在全面落实文明城市综合指标的基础上，重点打造“五个鞍山”，（“五个鞍山”单项行动方案由各责任单位另行制定），牵动和推进创建工作扎实有效开展。

（一）打造创新发展的实力鞍山

责任单位：市发改委、市经信委、市科技局、市财政局、市农委、市服务业委、市外经贸局、市统计局、市国资委、中国联通鞍山分公司、中国电信鞍山分公司、中国移动鞍山分公司,各县(市)区、开发区。

工作重点:以科学发展、创新发展、和谐发展为主题,坚持发展第一要义,把推动发展的立足点转到提高质量和效益上来,转变发展方式、调整经济结构,着力激发各类市场主体发展新活力,着力增强创新驱动发展新动力,着力构建现代产业发展新体系,着力培育开放型经济发展新优势,加快构建经济社会一体化发展的新格局,全面提升城市竞争力。实现地区生产总值、公共财政预算收入、全社会固定资产投资、社会消费品零售总额、城乡居民人均收入增长高于全省平均水平,人均国内生产总值、城镇居民人均可支配收入高于全省同类城市平均水平,万元地区生产总值综合能耗低于省年度控制目标,第三产业增长率大于地区生产总值增长率,全社会研发投入占地区生产总值的比重超过1%,国际互联网用户普及率超过42%。

(二)打造文明有礼的素质鞍山

责任单位:市纪委、市委宣传部、市委统战部、市委政法委、市直机关工委、市委党校、市文明办、市发改委、市教育局、市科技局、市民委、市公安局、市民政局、市财政局、市城建局、市房产局、市规划局、市综合执法局、市农委、市文广局、市卫生局、市计生委、市体育局、市旅游局、市物价局、市药监局、市公共行政服务中心、市老龄办、市档案局、市公用事业局、玉佛山管委会、市职教城管委会、市公立医院管理局、市经研中心、市应急办、市爱卫办、市总工会、团市委、市妇联、市科协、市文联、市社科联、市残联、市红十字会、市国安局、市工商局、市国防教育办公室、鞍山车务段、鞍山供电公司、市邮政局、中国联通鞍山分公司、中国电信鞍山分公司、中国移动鞍山分公司、鞍山日报社、鞍山广播电视台,各县(市)区、开发区。

工作重点:按照内提素质、外塑形象的总要求,以学习宣传贯彻党的十八大精神为主线,以构建社会主义核心价值体系为根本,以满足广大群众的精神文化需求为目的,通过实施市民文明素质提升工程,努力实现以爱国守法、明礼诚信、团结友善、勤俭自强、敬业奉献为主要表现的思想道德素质有显著提高,以崇尚科学精神、科学思想、科学方法和具有相应文化素养为主要内容的科学文化素质有显著提高,以体魄健康、心理卫生、社会适应能力为主要标志的身体健康素质有显著提高,党政机关、窗口行业为民服务的观念得到进一步强化,市民对政府的满意度得到进一步提高,鞍山精神内涵得到进一步丰富,不断提升城市品位和文明程度,不断提高城市的魅力。确保市民对见义勇为的支持率大于90%、对志愿服务的认同率和支持率大于90%、对家庭美德知晓率大于80%、对创建文明城市工作支持率大于80%、对网吧行业形象的满意度超过80%;学生家长对学校周边环境满意率大于80%;全市经常参加文体活动的人数大于60%。

（三）打造生态宜居的美丽鞍山

责任单位：市发改委、市经信委、市公安局、市财政局、市国土局、市环保局、市建委、市城建局、市规划局、市综合执法局、市交通局、市水利局、市卫生局、市统计局、市公用事业局、市林业局、玉佛山风景区管委会、市公立医院管理局，各县（市）区、开发区。

工作重点：按照生产空间集约高效、生活空间宜居适度、生态空间山清水秀的要求，把生态文明建设放在突出地位，以保护和改善城市环境质量、建设优美宜居的人居环境为出发点，通过优化发展空间布局，积极开展生态环境建设和保护，大力实施青山、碧水、蓝天、净土四项工程，不断提高城市亮化、绿化、净化、美化水平，不断改善人民群众的生活环境，不断增强城市的吸引力。实现城市主次干道设施规范，街巷基础设施完好；建成区绿化覆盖率大于35%，绿地率大于30%，人均公园绿地大于8平方米；区域环境噪声＜60 dB（A），道路交通噪声＜70 dB（A）；城市污水集中处理率高于80%；生活垃圾无害化处理率高于85%；城市空气质量优良天数大于310天；主要污染物年日均满足国家二级标准；重点工业企业污染物排放稳定达标率90%；医疗危险废弃物、工业危险废弃物处置率100%；城市水环境功能区水质达标率100%；市区内无劣V类水体。确保市民对城市环保的满意率在75%以上。

（四）打造优质高效的诚信鞍山

责任单位：市纪委、市委办公厅、市委组织部、市委宣传部、市委政法委、市委政研室、市编办、市直机关工委、市信访局、市委党校、市人大办公厅、市政府办公厅、市政协办公厅、市发改委、市经信委、市教育局、市科技局、市公安局、市民政局、市司法局、市财政局、市人社局、市建委、市房产局、市文广局、市卫生局、市法制办、市国资委、市政府研究室、市公共行政服务中心、市经研中心、市供销社、市法院、市检察院、市总工会、团市委、市妇联、市残联、中国人民银行鞍山支行、市工商局、市国税局、市地税局、市质监局、鞍山海关、鞍山日报社、鞍山广播电视台、鞍山市农民工工作联席会议成员单位，各县（市）区、开发区。

工作重点：以软环境建设和法制建设为重点，大力推进行政审批制度改革，大力推进政务诚信、商务诚信、社会诚信、个人诚信和司法公信，抓好党政机关勤政廉政建设，抓好企事业单位信用建设，抓好人民群众遵纪守法教育，构建覆盖全社会的诚信体系，加快形成廉洁高效的政务环境、民主公正的法治环境和公平诚信的市场环境，不断提高城市的影响力。实现政务信息资源共享；法制宣传教育普及率超过80%，社区居委会选举选民参选率超过80%，无影响恶劣的制造、销售假冒伪劣商品的事件和重大走私贩私案件。确保市民对党政机关行政效能的满意度、对反腐倡廉工作的满意度、对政府诚信的满意度均超过90%；对政府保障人民基本文化权益的满意度、行业风气的满意度超过85%。

（五）打造平安和谐的幸福鞍山

责任单位：市委组织部、市委宣传部、市委政法委、市直机关工委、市政府办公厅、市发改委、市教育局、市科技局、市公安局、市民政局、市财政局、市人社局、市环保局、市建委、市城建局、市房产局、市综合执法局、市交通局、市水利局、市文广局、市卫生局、市计生委、市体育局、市安监局、市统计局、市人防办、市动监局、市药监局、市公共行政服务中心、市公用事业局、市公立医院管理局、市消防局、市工商局、市地税局、市质监局、市残联、鞍山车务段、鞍山供电公司、中国联通鞍山分公司、中国电信鞍山分公司、中国移动鞍山分公司、鞍山日报社、鞍山广播电视台，各县（市）区、开发区。

工作重点：坚持以人为本，把保障和改善民生作为一切工作的出发点和落脚点，在保持经济又好又快发展的基础上，推动人民的物质生活水平不断提高，文化生活不断丰富，社会保障体系不断完善，社会管理水平不断提升，人民群众诉求不断满足，让改革开放成果更多地惠及百姓，不断提高人民生活质量和幸福指数，不断提高城市的感召力。实现主要公共场所和重点部位全部安装电子视频监控系统；老旧居民小区实行物业管理；城市公共消防设施达到国家标准，完好率达到100%；社会保险参保计划完成率100%；餐饮单位量化分级管理覆盖大于95%；社区卫生服务中心纳入城镇职工医疗保险定点机构比率超过95%；恩格尔系数小于38%。确保零就业家庭动态为零；市民对公交站点布局与交通便捷的满意度大于60%；对政府预防和处置突发公共事件能力的满意度超过75%；对社区卫生服务中心的满意率大于80%；群众安全感超过85%。

四、保障措施

创建全国文明城市是一项综合性的系统工程，要加强组织协调，做到全市动员，全民参与，明确分工，做好规划，抓好落实，确保高水平完成各项创城任务。

1. 加强领导。创建全国文明城市工作，按照五级联创（市、区、街道、社区、驻区单位）要求建立领导机制，形成“党委统一领导，党政齐抓共管，创城办组织协调，各部门分工负责，全社会共同参与”的领导体制和工作格局，实现创城工作机构网络化。各地区、各部门、各单位要参照市里的模式，实行“一把手”负总责，并结合各自实际，成立相应的创城工作指挥部和创城办公室。

2. 落实责任。各地区、各部门、各单位要按照本方案制定各自详细的工作实施方案，按照《鞍山市创建全国文明城市任务分解表》的分工建立工作台账，做到层层有人抓，事事有人管，一级抓一级，一级对一级负责，真正做到思想认识、领导力量、具体措施、创建合力和保障机制“五个落实”。

3. 强化监督。采取汇报制度、调度制度、测评制度、通报制度、督查考核制度等五种办法，开展经常性的督促检查，推进全国文明城市创建工作。将创城任务指标完成情况列入市直机关绩效考核目标和组织部门领导干部考核内容。定期向人大代表、政协委员通报创建工作。对措施不力、行动迟缓、推诿扯皮，影响全市创建整体效果和整体进度的责任单位，取消其当年参评各类先进称号的资格，年度考核成绩进行降档处理，问题突出的追究领导责任。同时，设立投诉电话、网上意见箱、群众信箱、行风热线、调查问卷等通道，征集群众对创建工作意见，让群众查找存在问题，让群众评价创建成效。积极支持新闻媒体发挥监督作用，对不文明现象进行曝光。

4. 发动群众。通过理论宣传、新闻宣传、社会宣传、文艺宣传、网络宣传等多种途径加强宣传发动，营造全社会共同参与的良好氛围。办好《鞍山日报·文明周刊》、鞍山广播电视台《文明行动》、鞍山文明网、社会宣传栏宣传版、户外公益广告，普及文明礼仪知识。召开创城推进大会、创城报告会、座谈会、研讨会、推进会，举办公益广告创意大赛、创城高峰论坛、创城知识大赛、创城文艺演出，开展创城宣传口号征集和创城先进典型评选表彰等活动，提高创城工作的支持率和参与率，营造全民创城的良好工作氛围。各城区开发区、市直各部门各单位也要做好本地区、本系统的宣传发动工作，特别是市直机关要做到“文明我先行”，在全市范围内发挥表率和引领作用。

5. 保障经费。各级政府要把创建全国文明城市的各项创建项目和创建工作经费纳入各级财政预算，确保重点经费及时到位。重大、急需的专项整治经费由责任单位向本级政府提出申请，一事一议。各部门各单位要把创城活动经费单独列支，专款专用。建立多元化的筹资机制，鼓励社会各界对创建文明城市提供人力和物力支持。

鞍山市创建全国文明城市指挥部办公室

2013 年 4 月 3 日

参考文献

[1] 王效科. 城市生态系统:演变、服务与评价——"城市生态系统研究"专
[J]. 生态学报,2013(4):33.
[2] 彭建交,李雪莲,张金辉. 生态危机及其根源[J]. 科技信息,2007(11):1
[3] 刘昌明,曹英杰. 我国水污染状况及其对人类健康的影响与主要对策[J
对社会的影响,2009(2):16-22.
[4] 张秀军. 全球性环境问题分析[J]. 科学之友,2006(1):92-93.
[5] 解振华. 新时期我国的环境保护问题[J]. 人民论坛,2005(06):6-7.
[6] 闭薇娜,谭志雄. 论资源危机与生态文明建设[J]. 重庆大学学报(社会科学版),2006(5):65-68.
[7] 徐勇,吕瑞瑞,曲国胜,等. 2006 年全球巨灾事件回顾与启示[J]. 防灾科技学院学报,2007(1):6-9.
[8] 李文楷,李天宏,钱征寒. 深圳市土地利用变化对生态服务功能的影响[J]. 自然资源学报,2008(3):441-443.
[9] 张凤太,苏维词,赵卫权. 基于土地利用/覆被变化的重庆城市生态系统服务价值研究[J]. 生态与农村环境学报,2008,24(3): 21-25.
[10] 王立勇,董学良,李楠,等. 大庆及周边地区地质环境问题现状及防治对策[J]. 黑龙江水利科技,2010(1):177-178.
[11] 俞雅乖. 基本公共服务城乡差距及均等化的财政机制[J]. 经济体制改革,2009(1):120-123.
[12] 庞长青,王营章. 山东民生问题与城市化发展水平调研[J]. 现代商业,2011(27):268-269.
[13] 冯虹. 首都农民工子女教育公平问题探析[EB/OL]. [2010-5-17]. http://www.bjpopss.gov.cn/bjpssweb/n32873c27.aspx.
[14] 王明浩. 大城市发展的困境与出路[N]. 中国社会科学报,2012-4-9(289).
[15] 赵成. 生态文明的兴起及其对生态环境观的变革[D]. 北京:中国人民大学,2008(8).
[16] 孙非亚,陈曦. 国外生态城市建设经验及对中国的启示[J]. 世纪桥,2011

37.
i发展的困境与出路[N].中国社会科学报,2012-4-9(289).
市发展模式转型趋势[J].城市发展研究,2009(8):1-6.
中国低碳生态城市发展战略[J].城市发展研究,2010(1):

霞.浅谈生态城市建设[J].科技信息,2011(15):781-784.
态城市发展的现状、问题与对策[J].城市规划学刊,2011
序言
城市概念及其规划设计方法研究[J].规划研究,1997
9.
].科学
外生态城市理论研究综述[J].城市规划,2001, 25(1):

王发 尺度的生态城市建设[J].人文地理,2008(3):49-53.
金国平, 城市建设中的产业生态化研究,环境保护,2008(2):12-14.

[26] 黄光宇,陈勇.生态城市理论与规划设计方法[M].北京:科学出版社,2002.

[27] 李育冬,基于循环经济的生态型城市发展理论与应用研究——以库尔勒生态城市建设为例[D].乌鲁木齐:新疆大学,2006.

[28] 李秉荣,包头生态城市建设研究[D].呼和浩特:内蒙古农业大学,2005.

[29] 沈清基,安超,刘昌寿.低碳生态城市的内涵、特征及规划建设的基本原理探讨[J].城市规划学刊,2010(5):48-57.

[30] 鲁敏,李英杰.生态城市理论框架及特征标准[J].山东省青年干部学院学报,2005(113):117-120.

[31] 李波.贵州省生态文明城市建设发展态势思考[J].贵州大学学报,2011(3):132-138.

[32] 俞卫忠,陈建.生态文明:城市生态建设的新高度[J]. 污染防治技术,2012(2):61-64.

[33] 赵清,张珞平,陈宗团.生态城市理论研究述评[J].生态环境,2007(5):155-159.

[34] 原华君,司马慧.生态城市的概念与发展回顾[J].国土与自然资源研究,2005(3):17-19.

[35] 马交国,杨永春.国外生态城市建设实践及其对中国的启示[J].国外城市规划,2006:71-74.

[36] 黄肇义,杨东援.国外生态城市建设实例[J].国外城市规划,2001(3):35-38.

(21):136 - 137.
[17] 王明浩. 大城市发展的困境与出路[N]. 中国社会科学报,2012 - 4 - 9(289).
[18] 仇保兴. 我国城市发展模式转型趋势[J]. 城市发展研究,2009(8):1 - 6.
[19] 李迅,曹广忠等. 中国低碳生态城市发展战略[J]. 城市发展研究,2010(1):32 - 39.
[20] 刘飞,冯广丽,高晓霞. 浅谈生态城市建设[J]. 科技信息,2011(15):781 - 784.
[21] 李迅. 中国低碳生态城市发展的现状、问题与对策[J]. 城市规划学刊,2011(4):23 - 29.
[22] 黄光宇,陈勇. 生态城市概念及其规划设计方法研究[J]. 规划研究,1997(6):17 - 20.
[23] 黄肇义,杨东援. 国内外生态城市理论研究综述[J]. 城市规划,2001, 25(1):59 - 66.
[24] 王发曾. 洛阳市双重空间尺度的生态城市建设[J]. 人文地理,2008(3):49 - 53.
[25] 金国平,朱坦,林妍. 生态城市建设中的产业生态化研究,环境保护,2008(2):12 - 14.
[26] 黄光宇,陈勇. 生态城市理论与规划设计方法[M]. 北京:科学出版社,2002.
[27] 李育冬,基于循环经济的生态型城市发展理论与应用研究——以库尔勒生态城市建设为例[D]. 乌鲁木齐:新疆大学,2006.
[28] 李秉荣,包头生态城市建设研究[D]. 呼和浩特:内蒙古农业大学,2005.
[29] 沈清基,安超,刘昌寿. 低碳生态城市的内涵、特征及规划建设的基本原理探讨[J]. 城市规划学刊,2010(5):48 - 57.
[30] 鲁敏,李英杰. 生态城市理论框架及特征标准[J]. 山东省青年干部学院学报,2005(113):117 - 120.
[31] 李波. 贵州省生态文明城市建设发展态势思考[J]. 贵州大学学报,2011(3):132 - 138.
[32] 俞卫忠,陈建. 生态文明:城市生态建设的新高度[J]. 污染防治技术,2012(2):61 - 64.
[33] 赵清,张珞平,陈宗团. 生态城市理论研究述评[J]. 生态环境,2007(5):155 - 159.
[34] 原华君,司马慧. 生态城市的概念与发展回顾[J]. 国土与自然资源研究,2005(3):17 - 19.
[35] 马交国,杨永春. 国外生态城市建设实践及其对中国的启示[J]. 国外城市规划,2006:71 - 74.
[36] 黄肇义,杨东援. 国外生态城市建设实例[J]. 国外城市规划,2001(3):35 - 38.

参考文献

[1] 王效科. 城市生态系统:演变、服务与评价——“城市生态系统研究”专题序言[J]. 生态学报,2013(4):33.

[2] 彭建交,李雪莲,张金辉. 生态危机及其根源[J]. 科技信息,2007(11):169.

[3] 刘昌明,曹英杰. 我国水污染状况及其对人类健康的影响与主要对策[J]. 科学对社会的影响,2009(2):16－22.

[4] 张秀军. 全球性环境问题分析[J]. 科学之友,2006(1):92－93.

[5] 解振华. 新时期我国的环境保护问题[J]. 人民论坛,2005(06):6－7.

[6] 闭薇娜,谭志雄. 论资源危机与生态文明建设[J]. 重庆大学学报(社会科学版),2006(5):65－68.

[7] 徐勇,吕瑞瑞,曲国胜,等. 2006 年全球巨灾事件回顾与启示[J]. 防灾科技学院学报,2007(1):6－9.

[8] 李文楷,李天宏,钱征寒. 深圳市土地利用变化对生态服务功能的影响[J]. 自然资源学报,2008(3):441－443.

[9] 张凤太,苏维词,赵卫权. 基于土地利用/覆被变化的重庆城市生态系统服务价值研究[J]. 生态与农村环境学报,2008,24(3): 21－25.

[10] 王立勇,董学良,李楠,等. 大庆及周边地区地质环境问题现状及防治对策[J]. 黑龙江水利科技,2010(1):177－178.

[11] 俞雅乖. 基本公共服务城乡差距及均等化的财政机制[J]. 经济体制改革,2009(1):120－123.

[12] 庞长青,王营章. 山东民生问题与城市化发展水平调研[J]. 现代商业,2011(27):268－269.

[13] 冯虹. 首都农民工子女教育公平问题探析[EB/OL]. [2010－5－17]. http://www.bjpopss.gov.cn/bjpssweb/n32873c27.aspx.

[14] 王明浩. 大城市发展的困境与出路[N]. 中国社会科学报,2012－4－9(289).

[15] 赵成. 生态文明的兴起及其对生态环境观的变革[D]. 北京:中国人民大学,2008(8).

[16] 孙非亚,陈曦. 国外生态城市建设经验及对中国的启示[J]. 世纪桥,2011

[37] 金磊. 中国生态城市发展进程的思考[J]. 工程设计 CAD 与智能建筑,2002(5):4-9.

[38] 刘文新,张平宇,马延吉. 资源型城市产业结构演变的环境效应研究——以鞍山市为例[J]. 干旱区资源与环境,2007(2):17-21

[39] 崔锡训. 社会经济发展对鞍山市环境质量的影响分析[J]. 环境科学与管理,2013(2):70-72.

[40] 关琰珠,郑建华,庄世坚. 生态文明指标体系研究[J]. 中国发展, 2007(2): 21-27.

[41] 宋马林,杨杰,赵淼. 社会主义生态文明建设评价指标体系:一个基于 AHP 的构建脚本[J]. 深圳职业技术学院学报, 2008(4): 45-48.

[42] 蒋小平. 河南省生态文明评价指标体系的构建研究[J]. 河南农业大学学报, 2008(1): 61-64.

[43] 马道明. 生态文明城市构建路径与评价体系研究[J]. 城市可持续发展,2009(10):80-85.

[44] 朱晓林. 中国自来水业规制改革研究[M]. 沈阳:东北大学出版社,2009.

[45] 韩颖. 鞍山地区生态农业发展模式研究[J]. 现代农业科技,2011(11):312.

[46] 李迅. 曹广忠. 中国低碳城市发展战略[J]. 城市发展研究 2010(1):32-39.

[47] 仇保兴. 我国城市发展模式转型趋势[J]. 城市发展研究,2009(8):1-6.

[48] 薛梅. 董锁成. 国内外生态城市建设模式比较研究[J]. 城市问题,2009(4): 71-75.

[49] 李迅. 中国低碳生态城市发展的现状、问题与对策[J]. 城市规划学刊. 2011(4):23-29.

[50] 赵春雨. 生态城市与生态产业链[J]. 城市问题. 2010(2):24-27.

[51] 曲万成. 生态文明视角下的生态城市建设及其路径选择[J]. 中国集体经济,2010(4):192-193.

[52] 韩文. 浅谈建设生态文明城市[J]. 贵阳市委党校学报,2008(2):26-27.

[53] 张一鹏. 低碳经济与低碳生活[J]. 中外能源,2009(14):12-15.